（국어）
잘하는 아이가 이깁니다

'갓민애' 교수의
초등 국어 달인 만들기

국어 잘하는 아이가 이깁니다

1판 1쇄 발행 2024. 3. 15.
1판 18쇄 발행 2024. 8. 6.

지은이 나민애

발행인 박강휘
편집 임여진 **디자인** 지은혜 **마케팅** 백선미 **홍보** 이한솔, 강원모
발행처 김영사
등록 1979년 5월 17일(제406-2003-036호)
주소 경기도 파주시 문발로 197(문발동) 우편번호 10881
전화 마케팅부 031) 955-3100, 편집부 031) 955-3200 | **팩스** 031) 955-3111

값은 뒤표지에 있습니다.
ISBN 978-89-349-6540-4 13590

홈페이지 www.gimmyoung.com   **블로그** blog.naver.com/gybook
인스타그램 instagram.com/gimmyoung   **이메일** bestbook@gimmyoung.com

좋은 독자가 좋은 책을 만듭니다.
김영사는 독자 여러분의 의견에 항상 귀 기울이고 있습니다.

국어 잘하는 아이가 이깁니다

'갓민애' 교수의 초등 국어 달인 만들기

나민애 지음

김영사

차례

찾아
보기

아이와 함께 달리는 모든 부모님에게

엄마는 달리고 싶다. 누굴 위해서? 자식을 위해서. 인생이라는 경주에서 내 자식이 누구보다 멀리 뛰고 잘 달리게 가르치고 싶다. 가능하다면 자식 대신 뛰어주고 싶은 심정이다. 하지만 엄마는 코치일 뿐, 자식 인생을 직접 뛸 선수는 그 아이뿐이다.

  그런데 교육은 왜 이렇게 어려운가? 정보는 너무 많고, 돈은 한정적이며, 아이는 쉽게 따라오지 않는다. 자식이라 포기도 안 된다. 뭔가 하긴 해야겠는데 길은 안 보이고 방법이 맞는지도 모르겠고 한숨이 푹푹 나온다. 엄마에게도 자식 교육이란 처음 해보는 일의 연속이다. 결국 애꿎은 아이한테 성질만 부리게 된다. '위기의 엄마'가 된다는 말씀이다.

  나 역시 위기의 엄마이며, 엄마들의 동지이며, 선수를 잘 키우고 싶은 코치 중 하나다. 다른 점이 하나 있다면 나는 아마추어 코치들의 상담자를 겸하고 있다는 것이다. 현재 나는 서울대학교에서 읽고 쓰는 방법에 대한 교양 강의를 담당하고 있다. 주변 엄마들이 내 직업을 알게 되면 꼭 이런 질문을 던진다.

"이것저것 해봐도 아이가 안 따라와. 환장하겠어. 진이 엄마, 어떻게 해야 해?"
"찬이 엄마는 서울대 나와서 서울대 교수라면서? 그럼 아이들 가르치는 게 특별하겠네? 그 노하우 좀 알려줘."

그중에서도 압도적으로 많은 질문은 이런 거였다.

"자기는 국어 전문가잖아. 아이들 국어 공부 어떻게 해야 해?"

다들 숨이 넘어간다. 답답하다는 말이다. 그때마다 성의껏 답변했다. 상담 시간이 1시간, 2시간이 되고 상담하는 엄마들이 하나둘씩 늘어나니 체력적으로 힘들었다. 그래서 아예 글로 적어둬야겠다 결심했다. 그 결심의 결과물이 바로 이 책이다.

원래 나는 내 공부에만 관심이 있지, 아이들은 공부를 하건 말건 제 팔자라고 생각하는 편이었다. 그런데 내 자식이 본격적으로 공부하는 나이가 되고, 10년 이상 서울대학교 학생들을 가르치다 보니 생각이 바뀌었다. 요즘의 국어는 아이들이 알아서 찾아 먹고 알아서 저 혼자 무럭무럭 실력을 키우는 영역이 아닐 수도 있다.

내가 가르치는 학생들은 엄청난 경쟁 끝에 서울대학교에 들어왔다. 공부량이 어마어마하다. 수능 국어 영역과 내신 국어를 '쉽게' 넘긴 학생은 하나도 없다. 나는 국어 영역 하나 때문에 삼수한 학생도 여럿 봤다. 남 일이 아니다. 내 자식의 미래도 그럴 수 있다.

국어만큼은, 국어에서만큼은 내 자식을 덜 고생시키고 더 잘하게 만들고 싶다. 그리고 나는 그 노하우를 알고 있다. 나는 국어 공부를 잘한 사람이고, 국어 공부법을 잘 알고 있는 사람이며, 현재도 국어 공부를 잘 시키고 있는 사람이기 때문이다.

요즘 국어 공부는 상당히 어렵다. 정보가 넘쳐나서 진위 구분도 안 된다. 특히 불안감 조성하는 '스피커'가 너무 많다. 불안한 부모일수록 돈을 쉽게 쓰니까 너도나도 학부모를 흔들어댄다. 그래서 지금 국어 공부의 영역은 혼란 그 자체다. 도대체 무슨 말, 누구의 플랜이 맞는가? 이 난리통에 놓치고 있는 것이 있다. 적기에 실행해야 하는데 잘 모르는 내용, 혹은 시장에서 간과되는 진실, 아이한테 필요한 포인트를 이 책에서 짚어주고 싶다.

본문에 앞서 이 책의 핵심 모토를 밝히려고 한다. 나는 기본적으로 우리 아이가 고생하는 게 싫은 엄마다. 정확히는 헛고생하는 게 싫다. 어떤 성향, 어떤 장단점이 있느냐에 상관없이 모든 아이에게는 더 즐겁고 쉽게 국어를 공부할 수 있는 방법이 있다고 본다. 그 방법을 엄마들과 함께 찾아내는 것이 이 책의 목표다. 그리고 나는 우리 아이가 반드시 국어와 독서는 잘해야 한다고 생각한다. 모든 학습의 기본이기 때문이다. 즉, 우리 아이들이 국어와 독서를 더 효과적으로 더 잘하게 도와주기. 그것이 이 책의 목표다. 그래서 이 책은 현재 국어 교육 방향의 아쉬운 부분과 서울대학교 학생들의 국어 공부 방법을 종합해서 만들었다.

거품 걷고, 이론 걷고, 실질적으로 아이들에게 중요한 것만 담았다. 직접 하나하나 다 읽고 '꿀템'이 될 추천 도서 목록을 만들었고, 서울대학교 학생들에게 몇 년에 걸쳐 책을 추천받았다. 내가 특강을 할 때 중·고등학교 선생님들이 세특(세부 능력 및 특기 사항) 작성을 위해, 진로 탐색과 추천을 위해 요청하셨던 바로 그 자료다. 어디서도 볼 수 없는 목록과 방법이 적재적소에 쓰이길 바란다.

우리 아이들이 국어 공부하는 시간만 해도 10년이 훌쩍 넘는다. 그 긴 세월, 자식한테 뭐라도 하나 더 해주고 싶은 모든 엄마 코치들에게 이 책을 바친다.

1

서울대학교 학생들은
무엇을 어떻게 읽었을까?

여기서 독서의 중요성에 대해서 따로 언급할 필요는 없다. 독서가 아이의 정서와 지능 발달에 얼마나 좋고, 인생에 얼마나 막대한 영향을 미치는지 반복해야 할까? 그것을 자세히 알려주는 책은 이미 차고 넘친다. 독서의 효능 자체를 의심했다면 독자 여러분은 지금 이 책을 읽고 있지도 않을 것이다. 독서는 우리 아이 학업에, 나아가 인생에, 모든 성장에 엄청나게 중요한 역할을 한다. 안 읽고 못 읽으면 아이의 인생은 힘들어진다. 덩달아서 엄마도 힘들다.

나는 독서의 원리와 중요성을 주장하는 독서 예찬론자가 아니다. 이 책은 그다음 문제, 다시 말해 '어떤 책을 언제 어떻게 얼마나 읽힐 것인가'라는 문제에 대한 실용적 해법을 담고 있다. 솔직히 독서가 얼마나 좋은지 알면 뭐 하나? 내 아이가 책을 읽지 않으면 모든 지식이 허사다.

강단에서 아이들을 오래 가르치다 보면 이론은 그저 이론일 뿐이다. 중요한 것은 우리 아이가 책을 잘 읽게 만든다는 목표를 이루는 구체적인 방법과 효율적인 방식이다. 그래서 이 책에는 이론을 싹 빼고 실전만 담았다. 우리는 해야만 하고 할 수 있어야 한다. 우리 아이 독서 교육을 시작하자! 그런데 성공적으로 교육하기 위해서는 무엇부터 해야 할까? 우선 공부 잘하는 아이들, 대학 입시에 성공한 아이들의 상황부터 살펴볼 필요가 있다.

언제: 초등 시절부터 많이 읽는다

"서울대학교 입학생들은 대체 어떤 독서를 해왔을까?"

많은 사람이 궁금해하는 점이다. 대부분은 서울대학교 입학생들이 책벌레일 것이라고 예상한다. 그러면서도 정확한 사실은 모른다. 책이 답인 것 같은데 어느 정도 맞는 답인가? 엄마들이 진짜 알고 싶은 것은 이런 것이다. "독서 많이 하면 공부 잘하나? 서울대학교 입학생들은 정말로 책을 많이 읽었을까?" 말하자면 독서와 입시의 연관성이 궁금한 것이다.

나는 다양한 분야의 책을 정말 많이 읽었고 이 경험은 나의 서울대학교 입학에 큰 도움이 되었다. 그런데 내 남편은 책을 많이 읽지 않았는데도 서울대학교에 입학했다. 고등학교 때 전국 모의고사 등수는 남편이 더 높았고 대학 학부 성적은 내가 더 좋았다. 현재 수입은 남편이 더 많고 직업 만족도는 내가 더 높다.

그렇다면 요즘은 어떨까? 부모 세대가 입학하던 1990년대와 지금은 상황이 달라졌다. 그래서 준비했다. 아래는 서울대학교 신입생을 대상으로 한 독서 이력 설문 조사 결과다(내 수업에서 자체적으로 진행한 설문 조사로 이공 계열, 인문 계열 참여자가 고르게 분포한다. 매 학기 같은 설문 조사를 했는데 결과는 거의 비슷했다).

초등학교 때 책을 많이 읽은 편이었는가?

그렇다 **69%**

아니다 **31%**

　서울대학교에 입학한 학생들은 "공부 많이 했어?"라고 물어보면 쉽게 대답하지 않는다. '어느 정도가 많은 건가, 내가 정말 '많이'라고 표현할 정도로 공부했나' 되돌아보는 학생이 대부분이다. 또 '공부를 많이 했는데도 이 정도 성적이면 부끄러운 것이 아닌가' '공부를 많이 했다고 말하면 좋은 성적을 기대할 텐데 부담스럽다' 같은 생각 때문에 상당히 보수적으로 답변한다. 그러니까 '많이 읽었다'라고 답한 학생들은 정말, 객관적으로 많이 읽었다고 할 수 있다. '아니다'라고 답한 학생 중에도 사실은 제법 책을 읽은 학생이 있을 것이다.

　실제로 '아니다'라고 답변한 학생 중에서도 '만화책을 많이 읽었으니 이것은 독서가 아니다' '소설책을 많이 읽었으니 나는 책을 많이 읽은 것이 아니다'라고 대답한 학생이 있었다. 그러니까 '아니다'라는 답변에는 '샤이(shy) 독서가'의 답변까지 포함된다.

설문 결과를 다시 한번 보자. 무려 69%의 서울대학교 신입생이 초등 때 책을 많이 읽었다고 답변했다. 학생들이 '많이'의 기준을 높게 잡고 보수적으로 답변하는 경향을 생각한다면 70% 이상이 초등 때 책을 많이 읽었다. 이는 상당히 높은 수치다. 서울대학교 학생 기준으로, 책을 많이 읽으면 공부 잘한다는 말이 열에 일곱에게는 적용된다는 것이다. 입시 제도가 아무리 변해도 책, 책, 책을 놓지 말아야 하는 이유가 바로 여기에 있다. 특히 초등 엄마들은 옆집 '카더라 통신'에 귀 닫고, 변화하는 입시 제도에 눈 감고, 우선 책부터 손에 들어야 한다.

왜 : 재미있어서 읽는다

이 설문에서 진짜로 흥미로운 지점은 '대체 왜!' 책을 읽었느냐는 것이다. 특히 나같이 책 안 읽는 아들을 둔 엄마 입장에서는 '대체 왜!'에 대한 답이 매우 절실하다. 독서가 도움이 된다는 것은 아는데 아이가 안 읽으니 환장할 노릇이다. 잘 읽는 학생들은 왜 잘 읽을까? 이에 대해 주관식으로 질문해보았다.

초등학교 때 책을 많이 읽은 이유는?

1위   재미있어서 **34%**

2위   부모님 때문에 **25%**

3위   환경적으로 도서관에 자주 가서 **17%**

기타   다른 할 일이 없어서, TV가 없으니 심심해서, 상 받으려고, 학원에서
        시켜서 **24%**

자, 놓치지 말자. 여기에 우리의 답이 있다. 우선 독서는 '재미'가 있어야 한다. '독서의 시작은 재미'라고 쓰고 밑줄 쳐놓자. 심지어 '만화책으로 시작했다' '추리소설만 읽었다' '소설을 왕창 봤다'라는 순수 재미 중심주의자도 있다("우리 아이는 소설만 보는데, 이래서 수능 문제 풀겠냐"라고 걱정하는 엄마들은 좀 기다리시라. 아이가 소설 좋아하는 것은 복이다. 거기에 추천 도서를 조금만 추가해주면 된다. 자세한 이야기는 219쪽 중학생 편에서 계속하겠다).

결론적으로 아이의 독서 1막 1장의 주제는 흥미다. 흥미를 느껴야 독서의 세계로 들어설 수 있다. 그런데 이 흥미를 스스로 느끼는 학생도 있지만, 부모님 영향으로 느끼게 되었다는 학생들이 제법 된다. 아래는 학생들의 답변을 그대로 옮겨 온 것이다.

> "어렸을 때 어머니가 책을 많이 읽어주셨고 이것이 습관이 되어 책을 좋아하게 되었다."
> "어릴 때 부모님이 책을 많이 읽어주셔서 책과 자연히 친해졌다."
> "초등 때 부모님께서 책을 많이 읽으라고 하셔서 읽기 시작했지만, 이후에는 제목이 흥미로운 책을 자발적으로 많이 읽었다."
> "부모님께서 매주 집 근처 도서관에서 대출 가능한 도서 한도를 꽉 채워서 집에 비치해두셨다. 집에 책이 쌓여 있다 보니 계속해서 책을 보게 되었다. 고학년이 되어서는 스스로 책을 빌려 와서 읽기도 했다."

고기도 먹어본 사람이 그 맛을 안다. 부모가 포기하지 않고 독서 경험을 제공하면 책에 관심이 없던 아이도 책 잘 읽는 아이가 될 수 있다. 서울대학교 학생들의 답변을 보고 나는 "너는 왜 책을 안 읽나!"며 아들만 탓한 과거를 반성했다. 문제는 우리 아들이 아니라 부모인 나에게도 있다. 실제로 초기 독서 습관을 형성할 때 환경적 요인은 매우 중요하다. 가족이 가급적 책을 많이 읽어주고, 독서가 습관이 되도록 만들어주면 아이는 다독가가 될 가능성이 높아진다.

물론 부모가 하나도 개입하지 않아도 알아서 다독하는 아이도 존재한다. 그런데 그런 아이는 소문으로만 존재한다. '누구네 집 아이'라는 환상으로만 존재한다. 나는 그것을 '유니콘 아이'라고 부른다.

> "알아서 책을 좋아하는 아이는 분명 있다.
> 하지만 적어도 '우리 집'에는 없다."

유니콘은 누구라도 잡고 싶고, 곁에 두고 싶고, 키우고 싶은 동물이다. 그렇지만 내 인생에는 없다. 원래가 환상 속 동물이다. 우리 사회에 퍼져 있는 '학생 성공 신화'에는 유니콘 같은 아이들이 존재한다. 그 풍문이 너무 강렬하기 때문에 부모들은 대개 암암리에 '유니콘 아이'와 내 아이를 비교한다. 하지만 유니콘의 소문을 듣는 것과 우리 집에서 내 손으로 유니콘을 키우는 것은 전혀 다른 이야기다.

사실 내 아이는 나에게만 특별한 유니콘이다. 나의 주관에서 이 아이는 분명한 유니콘이지만 객관적으로 누구에게나 추앙받는 유니콘은 아니라는 사실을 빨리 인정할 필요가 있다. 내 아이는 유니콘 아이가 아닌 '인간 아이'일 확률이 99% 이상이다. 우리 아이가 특출난 유니콘이 아닌 것에 좌절할 필요는 없다. 인간 아이가 뭐가 나쁜가? 우리 아이는 평범해서 사랑스러운 아이다.

내 아이가 책을 잘 읽기를 원하면 우선 책을 좋아하게 만들어야 한다. 한 서울대학교 학생은 '가족이 모두 다 같이 많이 읽었다'라고 답하기도 했다. 이렇게 환경의 영향을 무시할 수 없다. 재미는 그냥 생기는 것이 아니다. 세상에 공짜는 없다. 책에 투자한 부모가 독서 환경을 조성했을 때 자녀가 책에 친숙한 아이로 자란다는 사실은 위의 학생 답변에서도 알 수 있다.

구체적으로 살펴보자. '시립 도서관이 집 앞에 있어서 자주 갔다' '친구들과 주말마다 도서관에 놀러 갔다' '부모님이 도서관에 자주 데려가주셨다' '학교에서 도서관 이용을 적극적으로 추천했다' 등 도서관에 자주 갔기 때문에 책과 친숙해졌다는 답변도 많았다. 의외로 초등 시기 국어 학원에 다니는 것은 큰 의미가 없었다. 학원에 다녔기 때문에 책을 많이 읽었다고 답변한 학생은 3명뿐이었다.

사실 우리는 설문 결과를 보기 전부터 이런 결과를 예상했을지도 모른다. 도서관에 자주 가고, 가족 모두가 책을 읽고, 부모님이 책을 많이 읽어준 아이는 자라서 무엇이든 잘 읽는 학생이 될 수밖에 없다. 책에 둘러싸여 책 냄새를 맡고 '행복한 책 읽기'를 경험한 사람이 책을 싫어할 수 있을까? 책 대신 문제집을 잡고 있더라도 이런 아이들은 큰 잠재력을 가지고 더 높은 효율성을 발휘하게 된다. 결국 그런 학생들이 공부를 잘한다. 선행과 심화 학습이 본질적인 공부 방법이 아니라는 말이다.

어떻게 : 잘 심심해야 읽는다

이런 내용을 확인하면 부모는 상당한 압박을 느낀다. 그럼 엄마, 아빠가 결국 다 해줘야 한다는 말인가? 아니다. 잘 읽는 아이가 반드시 엄마, 아빠의 피, 땀, 눈물로 만들어지지는 않는다. 생계를 잇기에 바빠 책을 읽어줄 시간이 없는 부모라도 좌절할 필요는 없다. 다행스럽게도 아래의 설문 답변에는 그런 분들이 대안으로 삼을 만한 묘수가 들어 있다.

> "부모님이 스마트폰 사용을 제한해서 심심할 때 책 읽는 것밖에 할 것이 없었다."
> "영상 매체물을 접할 기회가 많지 않아 시간을 재미있게 보내는 방법이 독서였다."
> "휴대전화가 없었고 마땅한 오락거리도 없어, 문화생활 겸 취미로 읽었다."

아이들은 심심해야 책을 읽는다. 최신 스마트폰은 최대한 늦게 사주고, 데이터는 꽉 잠가놔야 한다. TV는 없애도 괜찮다. 우리 아이가 유행에 뒤처져 '왕따'가 되면 어쩌나 걱정하는 분이 있을지도 모른다. 그런데 절대 그렇지 않다. 스마트폰을 사주지 않는다고 해서 아이들이 시대에 뒤떨어지는 것은 아니다. 부모가 그 시기를 늦춘다고 해도 아이는 결국 영상 매체를 접하게 된다. 한번 영상 매체를 접한 아이들은 직관적으로, 빠르게 그 활용법을 배운다.

또 파이선 등 코딩을 배우려면 일찍부터 최첨단 매체를 잘 다뤄야 하지 않나 걱정할 수 있는데 그러지 않아도 된다. 스마트폰과 노트북을 일찍 사주면 코딩을 잘하는 것이 아니라 게임을 잘하게 된다. 게임을 잘하게 되면 친구들이 자꾸 PC방으로 불러낸다. 그런 식으로 돌아다니면 책과는 담을 쌓게 된다. 심심하게 두는 것이 좋다. 심심해야 책을 읽고, 깊은 생각도 하고, 자기 자신을 들여다볼 수 있다.

초등학생 엄마들은 아이를 학원에 보내지 않으면 불안해한다. 그런데 내가 본 서울대학교 학생들은 대개 학원을 최소한으로 다녔다. 족집게 과외, 고액 과외가 서울대학교 학생을 만드는 것이 절대로 아니다. 오히려 학원에서 지내는 시간이 많으면 공부 내용을 자기 것으로 만들 시간이 부족하다. 학원에 의존하는 학생의 성적은 중위권이 최선이다. 자기 책상에서 혼자 조용히 공부하고 생각하는 시간이 있어야 상위권으로 갈 수 있다.

나 혼자 조용히 생각하고 머리를 움직이는 시간. 이 시간은 '고독의 시간'이다. 어른들은 고독의 가치를 알고 있다. 성인이 되면 고독의 시간을 감당하고 나아가 즐겨야 한다. 고등 과정에서도 고독의 시간을 감당하는 학생이 상위권이 된다.

그런데 독서 시간이 바로 이 고독의 시간과 매우 흡사하다. 고독은 외로움과 비슷한 듯하지만 성질이 전혀 다르다. 우리 손에 스마트폰도 없고, 인터넷 사용도 할 수 없다고 치자. 아무것도 하지 못하고 앉아 있게 된다. 이렇게 텅 빈 시간이 괴롭게 느껴지는 것을 우리는 '외롭다'고 한다. 그런데 텅 빈 시간을 고통이 아니라 즐거움으로 느낀다면 어떨까? 아무것도 '못하고' 앉아 있는 것이 아니라 홀로 사색'할 수 있다'면 어떨까?

텅 빈 시간이 깊은 사색의 시간으로 변할 때 우리는 그것을 고독의 시간이라고 부른다. 겉으로는 똑같이 아무것도 하지 않는 것처럼 보이지만 속사정은 전혀 다르다. 외로움은 고통스럽고 고독은 달콤하다. 외로움은 자기를 깎아 먹고 고독은 자기를 성장시킨다. 그래서 철학자들은 외로움은 부정적이고 고독은 긍정적이라고 말한다.

"책의 세계에 풍덩! 다이빙하기 위해서는
할 일 없는 '텅 빈 시간'이 있어야 한다."

바쁜 일과를 쪼개 책을 읽는다? 새벽 5시에 일어나 무조건 1시간 동안 책을 읽는다? 이것은 위대한 CEO의 자서전에나 나올 법한 일이다. 아이는 스스로 텅 빈 시간을 마련할 수 없다. 아이의 일상을 관리하는 엄마가 마련해주어야 한다.

우선 아이가 엄마보다 더 좋아하는 TV와 스마트폰과 태블릿 PC를 치워야 한다. 그리고 아이가 무엇보다 싫어하는 학원 숙제를 줄여서 자유로운 시간을 확보해준다. 그런 다음 심심함에 몸부림치는 모습을 두고 보아야 한다. 심심해서 못 살겠다고 엄마를 괴롭혀도 꾹 버텨야 한다. 그리고 아이의 곁에 책을 늘어놓는다.

심심한데도 인터넷으로 도망칠 수 없으면 빈둥거릴 것이고, 빈둥거리는 것도 지겨워지면 책을 펼칠 것이다. 옆에서 엄마가 먼저 책을 읽고, 읽고, 또 읽고 있으면 효과가 더 좋다. 배가 고프지 않아도 빵집에서 빵 굽는 냄새가 솔솔 나면 배가 고파지는 법이니까. 결국은 아이가 책을 직접 집어 읽어야 한다. 그래야 나중에도 홀로 생각하고 공부하는 '고독의 시간'을 감당하는 사람이 될 수 있다.

초등 시절 책을 많이 읽지 않은 서울대학교 학생 34명의 설문 답변을 한번 살펴보자. 주관식 답변을 정리한 것이다.

초등학교 때 책을 많이 '안' 읽은 이유는?

1위	흥미나 재미를 느끼지 못해서
2위	뛰어노느라고
3위	게임을 하느라고
기타	교과 공부가 더 재미있어서, 다른 공부를 해서

정리하자면 '책은 재미가 없었고, 나한테는 책보다 더 재미있는 것이 있었다'라는 말이다. 다른 공부(아마도 영어나 수학)를 하느라고 못 읽었다고 답변한 학생은 1명뿐이었다. 이 설문 조사 결과를 보면 '심심해야 책을 읽는다'라는 주장에 더 힘이 실린다.

특히 (모두는 아니지만 다수) 아이들의 경우에는 잘 읽는 것이 1차 목표가 아니다. '읽는다는 것' 그 자체가 목표다. 우리 아들도 책이라는 물건을 오래 잡고 있지 못한다. 자세히 보면 일부러 안 하려는 것이 아니라 태생적으로 힘들어하는 것 같다. 오래 앉아 있는 것 자체가 많은 아이에게 고역이다. 책을 읽으라고 하면 몸을 배배 꼬기 시작한다. 책상에 앉으라고 하면 엉덩이를 반쯤 떼고 일어날 준비를 한 채로 앉는다. 의자 등받이, 또는 책상 모서리에 걸터앉기도 한다. 10분간 정자세를 취하기가 그렇게 어렵다. 책상에 책을 잡고 앉히기까지 30분이 걸린다. 책만 잡으면 신기하게 목이 마르고, 소변이 마렵고, 배가 아프다. 이런 아이들은 책을 불편하고 어려운 사람 보듯 한다. 책과 길게 만나보지도 못하는데 어떻게 친할 수 있겠나?

엄마는 복장이 터지는데 참아야 한다. 이것은 나 혼자 겪는 고난이 아니라 대다수 엄마가 맞닥뜨리는 일종의 '챌린지'다. 고난의 동지들을 생각하자. 난관은 극복하라고 있는 것이다. 엄마는 인내의 아이콘이다. 엄마에게는 아이에게 책을 안 읽힌다든가 아이의 독서를 포기한다는 선택지는 아예 없다. 책을 오래 잡고 있을 수 없는 이 다수의 아이에게는 '재미'를 들이대야 한다. 재미야말로 독서의 길로 들어서게 하는 최선의 미끼다. 그리고 일찍 독서에 재미를 붙여놔야 엄마가 장기적으로 숨통이 트인다.

재미 중심적 독서를 실행하기에 가장 좋은 시기가 바로 초등 시절이다. 그래서 숨 쉬듯 자연스럽게 책과 가까워질 수 있는 노하우를 2장에 설명해놓았다. 아이가 초등 고학년이라서 이제 늦었다고, 중학생이니 이미 망했다고 속상해할 필요 없다. 초등 고학년과 중학생에게도 책에 끌릴 기회가 아직 남아 있다(단, 고등학교에 가서는 늦다. 그때는 재미를 따질 여력이 없다. 그때의 독서는 즐길 거리가 아니라 전략이다). 그래서 앞으로 재미있는 책, 아이들이 읽고 나서 "또 읽고 싶어!"라고 말하게 하는 책을 소개할 것이다.

다시 한번 강조하지만, 우리가 할 일은 명확하다. 잊지 말자. 독서는 중요하다. 독서는 필요하다.

"심심한 아이와 재미있는 책은 독서 달인의 입문 조건이다"

중학교 황금기를 놓치지 않는다

이제 중학교, 고등학교로 가보자. 초등 때 책을 많이 읽었다고 답변한 69%의 학생은 중등 과정에서 어떤 독서를 했을까?

중학교 때 책을 얼마나 읽었는가?

거의 읽지 않았다 **20%**

조금 읽었다 **44%**

적당히 읽었다 **26%**

꽤 많이 읽었다 **10%**

사실 중학교에 들어서면 수행평가와 내신에 대비하기 바쁘기 때문에 책 읽을 시간이 절대적으로 부족하다. 수업 과목이 많아지고 그만큼 다녀야 할 학원의 수도 많아진다. 또 중학생 아이에게는 무시무시한 '중2병' 시기가 존재한다. 사춘기 아이의 호르몬에 대고 나오지 말라고 할 수도 없기 때문에, 정도의 차이가 있을 뿐 이 시기를 거치지 않는 중학생은 없다고 봐야 한다. 사춘기 아이를 엄마가 도서관에 데려다주고 함께 책을 읽는다? 이런 장면은 절대 기대할 수 없다. 부모와 밥 한번 먹으러 나가는 것도 싫다고 '집콕'하는 아이를 데리고 도서관에 가는 것은 불가능한 일이다. 이때부터는 정말 자발적인 독서가 시작된다.

아이가 초등학생이라면 부모가 책을 많이 읽는 아이로 만들 수 있지만, 중학생이 되고부터는 그럴 수 없다. 이때부터는 초등 때 기른 독서 습관이 큰 영향을 미친다. '초등 때 독서 경험이 전부'라는 말은 이런 바탕에서 성립된다. 초등 때 독서를 끝낸다는 말이 아니라 그때의 독서 습관과 경험이 중등 이후까지 지대한 영향을 미친다는 말이다.

앞의 설문 조사 결과를 보면 책을 '거의 읽지 않았다'라고 답변한 비율이 20% 정도다. 그러나 나머지 80%는 읽었다. 그중 꽤 많이 읽었다는 학생은 10%나 된다. 시험과 내신에 쫓기면서도 시간을 쪼개 책을 읽어낸 것이다. '적당히 읽었다'라는 학생까지 포함하면 전체의 3분의 1 이상의 학생이 책을 놓지 않았다.

중학교 시절의 독서가 성적에 어떤 영향을 주었는가?

조금 긍정적 **50%**

매우 긍정적 **13%**

조금 부정적 **0%**

매우 부정적 **2%**

영향을 끼치지 않았다 **35%**

　그렇다면 이 학생들은 왜 읽었을까? 위 설문 답변을 보면 '개인적 독서 활동'이 내신 점수에 긍정적인 영향을 미쳤다고 답변한 학생이 63%로 절반 이상이다. 하지만 학생들이 읽은 책은 교과서도 아니고, 학원 프린트물도 아니다. 독서의 영역은 무척 방대하기 때문에 교과와 완전히 연계되지는 않는다(그렇지만 잘 읽고 많이 읽으면 내신 공부도 훨씬 쉬워진다). 학생들은 발등의 불을 끄기 위해서가 아니라 장기적으로 필요하다고 판단하고, 스스로 원해서 읽은 것이다.

　이번에는 설문에 참여한 학생들에게 '중학교에 들어가는 후배가 있다면 독서 생활에 대해 어떤 조언을 하고 싶은지' 물었다.

　　"지금 책 안 읽으면 평생 못 읽어."

　　"시간이 많을 때 소설책이든 재밌는 책이든 많이 읽어둬라."

　　"독서는 최대한 하는 게 좋다. 나중에 어차피 다 읽어야 한다."

　　"고등학교 가면 시간이 더 없으니, 시간 날 때마다 읽어라! 국어 실력의 근간이 될 테니까."

　　"어렸을 때 많이 읽어두면 수능 준비할 때 도움이 되더라."

　　"흥미 있는 분야에 관해서라도 많이 읽는 게 좋다."

　압도적으로 많은 조언은 '책 종류에 상관없이 읽고 싶은 책을 읽어라'와 '재미있는 책만이라도 많이 봐야 한다'였다. 결국 본인이 할 수 있는 한 많이 읽어두라는 것이 핵심이다. 참고로 '책 읽지 말고 놀아'라고 한 사람은 1명뿐이었다. 사실상 절대다수가 독서의 중요성을 강조했다.

'무조건 많이 읽어봐라'라는 답변은 쉽게 예상할 수 있는 답변이다. 그렇다면 그 이유를 조금 더 구체적으로 기술한 조언을 살펴보자. 중학교 시절 독서에 관한 서울대학교 학생들의 조언은 다음과 같다.

"중학생 때는 선행 학습보다는 많은 독서를 통해 세상을 보는 관점을 넓히고 가면 좋을 것 같아요! 고등학교 다니면서 전에 읽은 책이 별로 없어서 답답한 경우가 많았어요."

"관심사에 관한 책도 많이 읽어야겠지만, 그 외 다양한 분야에 대한 책도 많이 읽기를 바란다고 말해주고 싶다. 책을 통해 정보를 구별해내는 능력을 기르면 수능에서 매우 중요한 무기가 될 것이다. 어디선가 들어본 것, 스쳐 지나가듯 읽었던 것이 고등학교, 대학교 등의 과정을 거칠 때 좋은 자양분이 되기도 한다."

"책 읽는 습관을 어렸을 때부터 들이는 것이 중요하다. 따라서 1개월에 2권 이상 책을 읽으려고 노력했으면 좋겠다."

"국어 시험 공부에 몰두하는 것도 좋지만, 여러 제재의 글을 읽는 것만으로도 충분하다고 조언하고 싶다."

"책을 많이 읽는 건 정말로 인생에 큰 도움이 된다. 책을 많이 읽는 친구들은 다방면으로 박식하고 어휘 수준이나 표현력이 뛰어나다."

"나는 책을 많이 읽지 않아서 글을 이해하는 속도가 남들보다 느리다. 특히 외고에 진학해 우수한 친구들과 함께 공부할 때, 같은 텍스트를 이해하는 데 주변 친구들보다 시간이 오래 걸려서 성적을 내기 위해 더 많은 노력이 필요했다."

"중학생 때 독서량이 줄어든 가장 결정적인 이유가 직접 고른 책을 읽지 않아서라고 생각한다. 그렇기 때문에 중학교에 다닐 때도 꾸준히 도서관에 가서 직접 책을 고르고 좋아하는 장르를 알아나가는 과정을 거치기를 추천한다."

아이 키우는 엄마에게 선배 엄마의 경험담은 어떤 이론보다 유용하다. 마찬가지로 독서 생활을 막 시작하는 아이에게도 선배들의 경험담은 유용한 조언이 된다. 앞의 조언에는 그 선배들의 육성이 담겨 있으니 아이에게 읽어주시라. 아이가 도망갈 것 같으면 부모가 꼼꼼히 읽어보길 추천한다. 결론만 간단히 말하자면, 중학교에 다닐 때 안 읽어서 후회했다는 이야기다. 또 그때 안 읽으면 고등학교 가서 고생한다는 말이기도 하고 책 많이 읽은 친구들이 확실히 무엇이든 잘하더라는 경험담이기도 하다.

중학교에 다닐 때야말로 폭넓은 독서를 할 수 있는 마지막 시기다. '이 책을 읽으면 나한테 얼마나 도움이 될까?' '내신 전쟁과 수능 준비가 코앞인데 한가하게 책을 읽고 있어도 되나?' 중학생 때는 비교적 이런 망설임 없이 책을 읽을 수 있다. 또 초등학생은 아직 진로라든가 사회에 대해 고민하기 어려운데 중학생이 되면 미약하게나마 사회를 파악하고, 진로라는 것의 중요성도 차츰 알게 된다. 그래서 중학생 아이는 자신의 진로에 대해 다양한 고민을 하면서 책을 선택할 수 있다. 게다가 중학교 시절은 재미있는 소설책을 맘껏 읽어도 부담 없는 시기다. 우리나라의 교육 여건상 이 모든 일은 고등학교에 가서는 하기가 쉽지 않다.

고등학교에서는 전략적으로 읽는다

고등학교 때 책을 얼마나 읽었는가?

거의 읽지 않았다 **35%**

조금 읽었다 **35%**

적당히 읽었다 **25%**

꽤 많이 읽었다 **5%**

원래 독서 시기 중에서도 고등학교 시절은 독서의 불모지나 다름 없다. 그럼에도 서울대학교 학생들은 고등학교 때 책을 읽었다고 답한 비율이 높았다. '적당히 읽었다' '많이 읽었다'라고 답변한 학생이 여전히 3분의 1에 해당한다. 불행히도 '거의 읽지 않았다'라는 학생이 중학교 때의 20%에서 35%로 늘긴 했다. 그래도 주목할 만한 점은 서울대학교 학생들은 교과 공부에 직접적 영향이 없는 자발적 독서를 고등학교에서도 이어나갔다는 점이다.

초등학교, 중학교보다 고등학교에 다닐 때 독서를 적게 하게 된 이유는 적어도 독서가 별 볼 일 없다고 생각해서는 아닐 것이다. 독서가 중요해도 독서를 할 수 없었던 이유는 다음과 같다.

고등학교 때 독서 생활은 어땠는가?

1위 시간이 없어서 못 읽었다 **42%**

2위 시간이 없지만 자발적으로 읽었다 **27%**

3위 읽기 싫어서 혹은 귀찮아서 안 읽었다 **22%**

4위 학교에서 읽으라는 책만 읽었다 **8%**

기타 어려워서 못 읽었다, 학원에서 읽으라는 책만 읽었다 **1%**

무려 42%에 해당하는 학생이 시간이 '없어서' 못 읽었다. 그럼에도 27%의 학생은 시간이 '없지만' 자발적으로 읽었다. 고등학교의 '내신 지옥'에 시달리면 잘 시간도 없는데 100명 중 27명이 책을 손에서 놓지 않았다. 지금처럼 한 문제 틀리면 내신 등급이 죽죽 떨어지고, 서술형 문제의 부분 점수 1점에 웃고 우는 상황이 아니라면 고등학생들은 책을 훨씬 더 많이 읽었을 것이다. 읽고 싶은데도 못 읽은 42%의 학생을 생각하면 교육자로서 무척 안타깝다. 이렇게 바쁜 상황을 감안해 우리는 아이들의 독서 시작 시기를 앞당길 필요가 있다.

서울대학교 신입생은 고등학교 후배들의 독서 활동에 대해 어떤 조언을 할까? 뼈 때리는 조언을 통해 우리의 마음 아픈 독서 현실을 살펴볼 수 있다.

"독서 말고 공부해라."

"이미 늦었으니 지금은 공부에 집중하고 대학 가서 많이 읽으렴."

"대학 가는 것이 더 중요하다면 독서를 미뤄도 된다."

"수능이랑 내신이나 챙겨라."

"중학교 때 읽었기를. 아니면 늦었다."

고등학교 시절 독서에 대해 굉장히 회의적인 답변을 모아봤다. 고등학교 후배를 향한 이런 조언을 듣고 나서 우리 학부모님들은 무슨 생각을 했는지 모르겠다. 우선 내 이야기를 하자면, 깜짝 놀랐다. 우리는 일반적으로 '책 읽기 = 공부'라고 생각한다. 인생 전반에 걸쳐서 우리는 나날이 성장하고 싶어 하고, 이를 위한 평생의 공부는 독서를 통해 이루어진다. 이것이 일반적으로 알려진 공식이다. 그런데 우리의 고등학생들은 '책 읽기 ≠ 공부'라고 생각한다. 어쩌다 이렇게 되었을까? 매우 심각하고 불행한 상황이다.

대학교 현장에서 가르치는 여러 교수의 이야기를 들어보면 요즘 학생들은 책과 점점 멀어지다 못해 책 읽기를 두려워한다. 소위 '인 서울 대학'에 다니는 대학생들도 책 1권 읽어내기 어려워한다. 책 읽고 서평 쓰기를 과제로 내면 많은 학생이 '세상에나, 나보고 책 1권을 다 읽으라고요?' 하는 반응을 보인다고 한다. 서울에서도 책을 읽고 서평을 쓰라는 과제를 낼 수 있는 학교가 몇 남지 않았다.

'통으로 1권의 책을 읽기'가 이제는 수행하기 힘든 미션인 사회가 되었다. 고등학교 후배에게 해주고 싶은 독서 조언 중에서 그 이유를 짐작할 만한 대목이 있다.

"시간이 지날수록 점점 완성된 글은 덜 읽고 인터넷에 정리된 요약본만 빠르게 읽고 모든 것을 해결하려고 했다."

그러니까 후배는 그러지 말고 책을 좀 읽으라는 말이다. 이 학생의 말에는 우리나라 학생들의 현실이 담겨 있다. 인터넷에는 요약문이 넘쳐난다. 영상도 점점 '숏폼(short-form)'이 중심이 되고 있다. 그래서 젊은 층일수록 긴 텍스트를 진득하게 읽고 사유하는 것이 불가능해지고 있다. 현실의 상황이 그렇고, 구조가 그렇고, 학생들의 독해 능력도 거기에 맞춰 변화하고 있다.

특히 고등학생들은 책 1권을 다 읽을 시간도 없고, 책을 읽는 것이 공부라는 생각도 하기 어렵고, 그저 시험 준비에 치여 지내는 지경이다. 앞에서 한 학생이 중학교 다닐 때 읽지 않았으면 늦었다고 조언하는 이유이기도 하다. 고등학생들의 독서는 확실히 수능 준비용, 비문학 지식 쌓기용으로 나아가고 있는 게 현실이다. 이에 대해 학생들을 탓할 수 없다. 현재 교육 환경에 적응한 결과 최선의 독서가 토막글 읽기와 수능 대비용 지식 쌓기가 됐을 뿐이다.

학부모는 이런 독서 환경의 변화, 독서 능력의 변화를 계속 주시할 필요가 있다. 독서를 제법 한 학생도 고등학교에 가면 수능 비문학 지문 길이의 글까지만 읽는 데 초점을 맞춘다. 그런 상황에서 1권의 책을 다 읽을 수 있는 뚝심과 독해력, 독서력이 있는 학생이 있다면? 그 학생의 능력은 상대적으로 더 빛을 발하게 된다. 학생들은 급하니까 짧은 글을 읽고 문제 풀이에만 집중하지만 교사, 면접관, 상사 입장에서 책에 대한 전체적인 장악력이 있는 학생은 분명히 눈에 뜨인다. 이 능력은 장기간에 걸쳐 기를 수밖에 없고, 그 초석은 어릴 때부터 쌓는 것이 확실히 유리하다.

자전거 타는 법은 한번 배워놓으면 이후 몸이 기억한다. 독서도 마찬가지다. 책 읽기는 눈으로만 하는 것이 아니라 몸 전체의 감각을 써서, 훈련과 반복을 통해 이루어진다. 그렇게 오랜 시간을 투자해서 얻은 능력을 퇴화하게 두지 말고 계속 지키고 발전시키는 것은 아이의 학업 생활, 취업, 직장 생활, 인생 계획에 상당히 긍정적인 영향을 미칠 것이다.

> "예비 고등학생 또는 1학년 때 관심 분야의 책 및 기본 교양서적을 충분히 읽어, 학년이 올라갔을 때 자신에게 필요한 책을 능동적으로 선택하는 능력을 기르는 것을 추천하고 싶다."
>
> "비교적 여유로운 1학년 때 최대한 많은 책을 읽어두길 바란다. 그리고 그렇게 쌓은 경험과 지식을 바탕으로 고등학교 3년의 활동을 계획하는 것이 좋다. 생활기록부에 들어갈 내용의 개요를 미리 잡을 수 있도록 다양한 분야의 책을 읽어두어야 한다."
>
> "학생부의 세특을 위한 도서도 좋으나 문학작품을 많이 읽었으면

좋겠다. 문학에서만 얻을 수 있는 것이 분명히 있다고 생각한다."

"가치관 형성과 자기 계발을 위한 독서를 하면 좋을 것 같다. 고등학교 시절에 자신에 대한 확신이 없어져 불안하고 방황할 때 독서가 도움을 줄 수 있다."

"24학년도 입시부터 독서 활동이 학생부 종합 전형 평가에 반영되지 않는 것으로 알고 있다. 하지만 책은 다양한 지식을 습득하고 수행평가와 창의적 체험 활동 준비에 필요한 정보를 보다 쉽게 얻을 수 있는 창구다. 대학에서 요구하는 독해력까지 기를 수 있<u>으므로</u> 독서를 습관화하는 것이 좋겠다."

이상은 서울대학교 학생들의 설문 답변 일부이다. 우리 현실에서 고등학생이 할 수 있는 가장 이상적인 독서 활동에 대한 조언은 이런 것들이다. 물론 '이상적'이라는 단서가 붙는다. 서울대학교 학생들은 독서의 필요성을 명확하게 파악하고 있으며, 독서의 혜택을 보았고, 실제로 입시에 성공한 똑똑이다. 나도 내 아이가 위와 같은 말을 할 줄 아는 학생이었으면 좋겠지만 현실은 녹록지 않다. 그러니까 우리 아이들에게 "서울대학교 학생들은 이렇게 읽는대. 너도 이래야 해!"라고 강압적으로 대하지 않았으면 한다. 앞서 강조했듯 독서의 첫걸음은 '재미'다. 재미가 전제되어야 이상적인 독서 활동도 가능하다.

다만 학생들의 조언에서 학부모들이 염두에 두어야 할 점은 아이가 독서를 게을리하지 않도록 계속 지켜보고 독려해야 한다는 것이다. 아무리 수능 준비에 급급하고 내신 쌓기에 바빠도 독서의 가치는 변하지 않는다. 이제 독서는 아름다운 길이 아니라 고난의 길이 되어버렸다. 이전 세대보다 독서를 하기 힘든 세대에게는 독서에 대한 독려가 필요하다. 요약문 천지인 세상에 1권의 책에 끙끙대며 매달리는 것이 어리석어 보인다 해도 혜안이 있는 부모는 아이에게 독서의 흔들리지 않는 가치를 알려주어야 한다.

그렇다면 지금까지 책을 많이 읽지 않았던 아이, '이과형'이어서 책과 친하지 않은 아이가 고등학교에 들어간다면 어떻게 해야 할까? 실제로 '포기한다'를 선택하는 학생들이 있다. 서울대학교 학생 중에도 "고전문학은 포기하고 수학 문제 하나 더 푼다"라고 하는 친구들이 있다. 그런데 읽기를 아예 포기하면 손해가 막심하다. 책을 좋아하지 않아도 텍스트를 잘 읽을 수는 있기 때문이다. 책을 좋아하지 않아도, 많이 읽지 않아도 어느 정도까지는 읽기 능력을 키울 수 있다.

나는 이 책에서 실질적 솔루션을 제시하겠다고 약속했다. 이런 경우에는 깊이 읽기 대신 넓게 읽기를 선택할 것, 토막글이라도 명확하게 이해하는 것을 목표로 삼을 것을 추천한다. 엄밀히 말해서 이것은 '독서'가 아니라 '독해'다. 일반적으로 책 1권 전체를 읽는 것을 독서라고 하고, 토막글을 읽는 것을 독해라고 한다. 독서 교육자는 대개 독서를 강조하고 독해를 폄하하는 경향이 있다. 그렇지만 발등에 불이 떨어진 수험생에게 무턱대고 시간이 오래 걸리는 독서만 강요할 수는 없다. 그랬다가는 한 자도 읽지 않고 읽기 자체를 아예 포기하는 불상사가 벌어진다.

그래서 이 책 4장의 고등학생 독서 편(228쪽)에서는 짧은 시간에 영리하게 독서 기반을 넓히는 방법, 즉 수험생을 위한 '전략적 독서'를 소개할 것이다. 바쁜 수험생에게 지속 가능한 독서는 발췌독 형식, 독해에 중점을 둔 짧은 독서다. 그럼 무엇을 읽어야 하고 어떻게 읽어야 하나? 독서의 영역이 너무 방대해서 뛰어들 엄두가 나지 않더라도 포기하지 말자. (예비) 고등학생과 학부모는 이 책에서 전략적 독서 방법과 추천 도서 목록을 확인하길 바란다.

님아, 그 강을 건너지 마오

하나

옆집 초등 3학년 엄마가 "그 국어 학원은 문법까지 꽉 잡아준대"라고 말한대서 달려가지 마오. 초등 아이가 이중모음, 파열음, 두음법칙 벌써 배워 뭐 하겠소. 문법은 아직이오. 중학교 1학년 문법 문제집 들춰보면 나에게도 어렵소. 그걸 초등 때 외우면 다 까먹을 텐데, 그 시간에 받아쓰기를 하거나 맞춤법 하나 더 가르치시오.

둘

"우리 아이는 아직 AR 4.0(미국 초등학교 4학년 수준) 영어책밖에 못 읽어"라고 자랑하는 8세 엄마 부러워 마시오. 그 아이가 초등 4학년 언니만큼 한글책을 잘 읽는 8세라면 모를까, 한글 수준은 제 나이인데 영어 수준만 제 나이를 뛰어넘으면 모래성을 쌓는 셈이오. 봄 여름 가을 겨울이 몇 월인지도 모르는 아이에게 climate를, 문명이 뭔지 모르는 아이에게 civilization을, 경작이 뭔지도 모르는 아이에게 culture를, 황제가 뭔지도 모르는 아이에게 empire를 외우라고 하는 것을 너무 많이 봤소. 사실 알고 있잖소. 이건 아니오.

셋

한글로 된 독서록도 겨우 3줄 쓰는 아이에게 영작 리포트 과제를 강요하지 마시오. 외워 쓰면 된다고 가르치는 학원에 돈 내지도 마시오. 글쓰기 실력은 모국어로 먼저 쌓아야 하는데 영어 문단 외워 글 1편 써낸다고 좋아할 것 없소. 영어 작문보다 모국어 작문을 우선해야 하고, 모국어 작문보다 모국어 읽기를 우선해야 하는 것도 알고 있잖소.

넷

문제집을 하루에 3장씩 풀라고 시켰는데 시장 갔다 와보니 TV를 후다닥 끄는 아들을 봤을 때 "너는 뭐가 되려고 이러니, 앞으로 뭐 먹고살거니, 이럴 거면 공부 다 때려치워라" 동네 떠나가라 소리 지르며 문제집을 반으로 쪼개는 괴력을 선보이지 마오. 아이는 장차 뭐든 될 것이고, 천재라도 아직 어릴 때는 어떻게 먹고살지 모르고, 엄마 어렸을 때는 공부 더 안 했소. 아이에게 상처 주고 밤에 혼자 울지 마오.

'어떻게 이 책 하나를 다 못 읽을까? 얘는 글렀나?' 절망 섞인 눈초리로 아이를 바라보며 한숨을 내쉬지 마오. 아이는 그 눈빛, 그 한숨을 먹고 자라오. 책 1권을 다 읽지 못하거든 "이건 나중에 읽자. 이젠 유튜브 보면서 '모두가 꽃이야' '문어의 꿈'이나 한번 불러보자"라며 책을 접으시오. 독서는 장기 프로젝트라는 것을 명심하고 아이가 책 읽는 시간을 꾸중이 아니라 노래로 끝내주시오. 아이는 반드시 엄마와의 독서를 좋아하게 될 거요. 그래야 사춘기를 무사히 넘길 수 있소. 사춘기가 오면 독서 따위는 문젯거리도 아니오.

남들은 'SKY' 잘만 간다는데 우리 아이는 '인 서울 대학'에도 못 가겠다는 불안감에 본인을 볶고 아이를 볶지 마시오. 그 SKY에 25년 있었는데 별거 없소. 거기서도 불행한 이는 불행하고, 망할 이는 망한다오. 미리 상상하고 두려워하면 독서도 공부도 관계도 엉망이 되니 굳세게 버티시오. 공부 잘하는 것도 중요하지만 그것보다 더 중요한 것은 삶의 내용이오.

국어
잘하는 아이가
이깁니다

2

집에서 시작하는
국어 달인 프로젝트

트렌드, 파악은 하되 따르지는 말자

여기서는 최근의 국어 사교육에 대해 쓴소리를 좀 해야겠다. 나는 학생들을 가르쳐본 경험이 있고 독서력을 성공적으로 향상하는 루트가 어떤 것인지 알고 있다. 그런데 많은 부모가 돈과 시간을 쓰면서 성공 루트와는 거꾸로 가고 있다. 낭비도 이런 낭비가 없다. 사교육 의존도가 높아진 나머지 부모들은 본질을 놓치고 있다. 그러면 아이들의 독서 생활은 망가지고 책 싫어하는 아이만 남는다.

솔직히 말해보자. 우리는 왜 논술 및 국어 학원에 아이를 보낼까? 부모들은 왜 아이에게 책을 읽히려고 할까? 아이가 교양 있고 사유하는 인간이 되길 바라서? 그랬다면 우리는 조금 더 느긋했을 것이다. 이렇게 전투적으로 아이에게 책을 들이밀지 않았을 것이다. 그냥 집에서 책을 읽히면 된다.

대부분 부모는 내심 '성적 좋은 아이'를 만들기 위해 독서 (사)교육을 일찍 시작한다. "이제 영어에는 수능 변별력이 없대. 앞으로는 '국수(국어와 수학)'로 판가름 난다더라." 대다수가 이렇게 알고 독서 교육에 접근한다. 우리의 불행은 독서 교육을 '불안함'에서 시작한다는 것이다. 또 독서를 높은 시험 성적을 받는 수단으로 전락시켰다는 것이다.

"어머님들, 우리는 마음의 양식을 쌓기 위해 책을 읽혀야 합니다." 이렇게 말하고 싶지만 현실에서는 쉽지 않은 일이다. 부모니까 자식의 미래를 걱정하고 보수적으로 준비하는 것은 당연하다. 나도 내 아이에게 책을 읽힐 때 솔직히 시험 잘 보길 바란다. 책을 사랑하고 음미하는 아이로 기르는 것은 그다음 문제다. 미안하지만 우리 현실이 그렇다.

내가 우려하는 것은 부모가 불안한 나머지 잘못된 정보, 남들 다 하는 코스, 속성 루트를 선택해 아이와 함께 망하는 것이다. 사교육을 가장 열심히 하고 이 학원 저 학원 가장 요란하게 검색하는 때는 의외로 아이가 취학 전일 때다. 초등학교 입학 직전 6세, 중학교 입학 전 초등 6학년 아이를 둔 부모가 가장 난리다. 준비성이 철저해서 그럴까? 아니다. 불안해서 그렇다.

불안은 모를 때 생긴다. 엄마들은 풍문에 이리저리 휘둘린다. 엄마인 내가 모르면 내 아이가 손해 볼까 봐 교육 트렌드와 소문에 의지하게 된다. 불안하면 서두르고, 그러면 실수하게 된다. 지금은 너무 많은 정보가 우리를 망치고 있다. 자식을 리드하는 부모에게 진짜로 필요한 것은 정확한 정보와 명확히 대응하는 굳건함이다.

언어 영역에서 가장 중요한 것은 이해력

초등 엄마들마저 요즘 수능에 대해 '카더라 통신'을 듣고 걱정한다. 그런데 수능, 수능 하면서도 수능의 기본이 무엇인지 잘 모르는 엄마가 많다. 그래서 잠깐, 수능의 기본부터 설명하고 싶다.

수능, 즉 '대학수학능력시험'이라는 말은 앞으로 대학에서 공부할 능력을 시험한다는 말이다. 그래서 수능 국어 지문은 문학에 국한하지 않고 사회, 경제, 정치, 철학, 과학같이 여러 영역의 지문이 등장한다. 대학에서 문학만 공부하지는 않으니까. 세부 영역이 무엇이든, 어떤 전공을 지망하든 난생처음 보는 텍스트를 정확하게 읽고, 파악하고, 분석하는 것은 대학에서 굉장히 중요한 능력이다.

대학은 어떤 능력을 지닌 학생을 원할까? 수험생 엄마라면 우선 이 질문에 대한 답부터 진지하게 고민해야 한다. 대학이라는 시스템이 원하는 학생이란 열심히 할 학생이나 성실한 학생이 아니다. 이런 것은 능력이라기보다 자세다. 자세는 측정할 수 없고, 측정할 수 없는 요소로는 당락을 결정할 수 없다. 대학에서 필요한 학생의 기초 능력은 다음과 같다.

1. 텍스트 '이해력과 분석력'이 뛰어난 학생

2. 자기가 무슨 생각을 하는지 정확히 '인지'하는 학생

3. 어떤 논의가 가치 있는지 '판단'할 수 있는 학생

4. 사고와 자료를 종합해 남들이 알아듣게 '표현'할 수 있는 학생

순서대로 이해·분석력, 인지력, 판단력, 표현력이다. 여기서 1~4번은 단계의 의미도 있다. 대학수학능력시험은 4가지 능력을 모두 갖춘 학생을 선별하는 시험이 아니다. 고등학교를 졸업했더라도 이 능력을 모두 갖춘 경우는 거의 없다(단, 수시 면접은 이 영역이 모두 관련되어 있다). 특히 3, 4번은 중등 교과과정에서 갖추는 능력이라기보다는 대학에서 집중적으로 길러줄 능력이다. 그렇지만 1번의 이해·분석력은 중등 과정에서 강화할 수 있다. 다시 말해 대학은 적어도 이해·분석력을 갖춘 학생을 바란다는 말이다.

왜일까? 이해·분석력이 뛰어나면 인지력, 판단력, 표현력을 키우기 수월하기 때문이다. 이해력을 갖추지 못하면 다음 단계로 나아가기 어렵다. 수학으로 말하자면 사칙연산도 안 되는데 응용문제를 어떻게 풀겠나? 그러니까 1번 이해력을 주로 가늠해보는 것이 바로 수능 국어의 취지다. 이렇게 시험의 취지는 훌륭한데 실제로 시험을 치는 학생들 입장에서는 참 힘들다. 학부모 입장에서도 국어는 쉽지 않다.

수능 국어에서 좋은 성적을 내기가 힘든 이유는 국어 실력은 단기간에 고속 성장할 수 없기 때문이다. 지리나 역사 같은 과목은 몰아치기로 외우면 성적이 올라갈 수도 있다. 그런데 국어는 그렇게 할 수 없다. 사교육비를 퍼붓는다고, 유명 과외 선생님을 대령한다고 해도 성적이 오르는 것이 아니다.

"국어가 어려운 이유는 시험 범위가 없기 때문이다."

말하기가 한국어의 전부라고 생각하면 곤란하다. 읽기는 말하기의 상위 단계다. 말하기에는 습득이 필요하고 읽기에는 공부까지 필요하다. "모국어인데 알아들을 수가 없다. 읽긴 읽는데 대체 무슨 말인지 모르겠다." 이렇게 말하는 수험생도 많다. 이 아이들도 다 한국어로 의사소통을 잘하는 아이들이다. 일상생활에는 전혀 문제가 없다. 문자 그대로 텍스트를 읽으라고 하면 또박또박 읽을 수 있다. 단, 텍스트 내용을 이해하지 못할 뿐이다.

아니, 모국어인데, 대체 왜 이해가 안 될까? 우리가 매일 쓰는 말인데 정말 이해가 안 되나? 부모들은 의아해한다. 그런데 안 된다. 한국어인데도, 아니 정확히는 모국어여도 이해를 못하는 학생이 상당히 많다. 우리는 이 점에 주목해야 한다.

우리 모국어가 얼마나 긴 시간 동안 넓은 영역에 펼쳐져 있었는지 생각해보자. 표준어가 있고 각 지역의 방언이 있다. 관용어가 있고 속담과 사자성어가 있다. 주어, 목적어, 서술어의 구조가 있고 시제와 가정과 각종 용법이 있고 명사, 동사, 부사, 형용사가 있다. 겉으로 드러난 표현이 있고 거기에 담긴 속뜻이 있다. 모국어는 단기간에 형성되지 않았다. 모국어가 공부의 대상이라면 그 범위는 다른 교과목과 비교할 수 없을 정도로 어마어마하게 넓다.

모국어 실력은 절대로 짧은 시간에 향상되지 않는다. 모국어란 아주 긴 시간 듣고 축적하고 써야 하는 방대한 세계라는 것을 잊지 말아야 한다. 그런데 이런 핵심은 놓치고 모국어 실력을 일주일에 1회 듣는 국어 학원 수업이나 문제집 풀이로 키우려고들 한다. 도움이 될 수는 있지만 그 방법에 의존하면 안 된다.

문해력 붐에 가려진 국어의 본질을 보라

최근 대한민국 국어 시장에 문해력 붐이 일었다. 서점에서는 수능을 위한 국어 문해력 시리즈가 잘 팔린다. 문제집, 교육 가이드, 하루 1장 학습서, 어휘집, 받아쓰기, 다큐 등 문해력의 홍수다.

문해력 붐은 초등에서 더 난리다. 어느 정도냐면 2022년 이후 강남 국어 학원 설명회의 키워드가 모두 문해력일 정도다. 초등 교육 현장에서 문해력을 키워드로 삼는 것은 일리가 있다. 고등학교에서는 문제 풀이 훈련을 반복해야 하니까 문해력을 돌아볼 여유가 아예 없다.

문해력 문제는 내내 없었다가 지금에 와서 '짠' 하고 나타난 것이 아니다. 읽고 이해하는 능력이 중요하다는 것은 예전부터 다들 알고 있었다. 책 잘 읽는 아이가 시험에서 고득점을 받을 확률이 높고, 무슨 공부든 잘한다는 것은 모두가 인정하는 사실이다. 다만 그 경향이 최근 더 강화되면서 위기의식이 높아졌다. 대중매체와 사교육 현장에서 문해력을 새로운 키워드로 밀고 있다. 실제로 영상 세대에서 책 읽고 텍스트를 분석하는 능력이 점차 뚜렷하게 떨어지는 것도 영향을 미쳤다.

그럼에도 본질은 전혀 바뀌지 않았다. 모국어는 매우 오래된 유산이며, 견고하고 방대한 영역이다. 고급 모국어 구사 능력은 예전에도 쌓기 어려웠고 지금도 쌓기 어렵다. 그리고 모국어 실력 증진은 예전에도 아주 오래 걸렸고 지금도 오래 걸린다. 그러니까 모국어 실력 부족이 아이의 결함이나, 큰 사회문제인 것처럼 불안해할 필요 없다. 고급 모국어 구사 능력, 수준 높은 독해 능력, 독서 능력은 지속적으로, 전반적으로, 오래 노력해야 향상할 수 있는 것이다.

다시 강조하건대 독서 능력을 포함한 모국어 실력을 키우는 일은 아주 오래 걸리는 장기 과업이다. 그러므로 부모들은 아이의 독서 습관 형성과 읽기 능력 향상에 다음과 같은 자세로 대해야 한다.

1. 절대 조급해하지 않는다. 조급증이 아이를 불행하게 한다.
2. 12년 이상 계속할 각오를 하고 중간에 포기하지 않는다.
3. '본전(아이의 시간과 부모의 돈)'을 따지면서 아까워하지 않는다.
4. '아웃풋(테스트 성적과 쓰기 결과물)'에 일희일비하지 않는다.
5. 하루하루 조금씩 산을 옮기는 마음으로 국어를 부어준다.

이 긴 과정을 학원이 전부 대신해줄 수는 없다. 아이가 혼자서 꾸준하게 공부할 수도 있지만 부모가 도움을 주면 더 효과적이다. 결론을 말하자면 모국어는 '엄마의 언어'다. 가정에서 쌓아 올리는 지분이 매우 크다. 일상에서 스며드는 모국어를 무시할 수 없다. 독서에 신경 쓰지 못할 정도로 바쁜 엄마, 모국어에 자신 없는 부모 입장에서는 치사해도 어쩔 수 없다. 텍스트 이해력은 문제 풀이만으로는 결코 기를 수 없다. 지문 많이 읽고 문해력 문제집 많이 풀면 모국어 능력이 늘어날 것이다? 착각이다. 결단코 국어 학원 '뺑뺑이'가 먼저가 아니라는 말이다.

　모국어로 된 언어 문자의 세계를 읽고, 이해하고, 확장해나가는 것은 굉장히 어려운 과정이다. 그 범위는 거의 무한대다. 끝이 보이지 않는 모국어 학습은 '가랑비에 옷 젖듯' 해야 한다. 그것 말고 왕도는 없다. 모국어를 하기 시작한 날부터 모국어 사용이 끝나는 날까지 아이의 모국어 이해력은 날마다 조금씩 축적되며 형성된다. 그것을 잘, 제대로 길러주고 싶다면 가정에서 모국어를 계속 적셔주면 된다. 아이가 스스로 급수하는 것이 가장 좋겠지만 자연 강우가 안 된다면 인공 강우라도 해야 한다. 환경 조성과 적절한 개입이 필요하다는 말이다.

　가랑비에 옷 젖듯 모국어 세계를 확장해줄 때 필요한 인풋은 어마어마하고 아웃풋은 굉장히 느리게 나온다. 그러니까 결과물이 쉽게 나오지 않는다고 좌절할 필요 없다. 독서나 국어 공부는 1~2년 했다고 포기하거나 자만하면 안 된다. 우리 아이 국어 달인 만들기 프로젝트는 무조건 '된다'고 믿고 가야 하는 긴 여정이다.

인공지능 시대에 더 중요한
독서의 기본기

기술이 진화하면 사회가 진화한다. 기술과 사회가 달라지면 아이와 교육도 분명히 바뀐다. 여기서는 변화하는 국어 교육 환경과 변화하지 않는 교육의 본질을 살펴볼 것이다.

2022년 후반 챗GPT가 미국과 한국 교육계의 '빅 이슈'로 떠올랐다. 학부모와 학생들은 앞으로 챗GPT라는 단어를 문해력이라는 말만큼 자주 듣게 될 것이다. 특히 국어 및 영어 관련 교육계는 챗GPT 때문에 바짝 긴장하고 있다. 향후 사교육 설명회에서도 분명 자주 언급될 것이다.

챗GPT라는 단어를 두려워하며 피하는 대신 기억하라. 대체 챗GPT란 무엇이고 왜 관심을 가져야 할까? 챗GPT는 오픈AI라는 회사가 개발한 인공지능 챗봇이다. 그전에도 챗봇은 있었다. 그런데 2022년 버전의 챗GPT가 주목받은 이유는 그 결과물의 수준 때문이다. 챗GPT는 사용자와 짧은 대화를 주고받는 정도가 아니라 상당히 전문적인 내용을 요약하고 제시하며 정리할 수 있다. 사용자가 대화창에 주제, 문장, 단어 등 무슨 텍스트든 입력하면 그에 대응하는 결과물이 나온다. 주제를 구체적으로 입력할수록 전문적인 답변이 나오고, 답변이 마음에 들지 않는다면 더 내놓으라고 요구할 수도 있다. 한 문장을 입력해도 몇 문단, 혹은 서두-본론-결미까지 갖춘 전체 텍스트를 보여준다.

예를 들어 '하버드대학교 교양 교육의 현황과 나아가야 할 방향'이라는 논제에 대해 챗GPT와 대화해보았다. 질문과 답변은 영어로 진행했으며, 아래는 한국어 번역이다.

> **질문** 하버드대학교 교양 교육의 현황과 나아가야 할 방향이 궁금해.
>
> **답변** 하버드 교양 수업의 현재 상태에 대한 최근 정보는 없지만 일반적으로 교양 교육은 등록 감소 같은 도전에 직면했으며 보다 실용적이고 직업 지향적인 교육을 요구받고 있습니다. 이러한 문제를 해결하고 교양과목을 개선하기 위한 몇 가지 개선 방향은 다음과 같습니다.
>
> 1. 비판적 사고, 의사소통 및 문제 해결 같은 교양 기술 및 지식의 실용적 적용을 강조합니다.
> 2. 인턴십, 서비스 학습, 해외 유학 프로그램 같은 보다 많은 체험 학습 기회를 제시합니다.

3. 학생들이 빠르게 변화하고 상호 연결된 세계에 더 잘 대비할 수 있도록 학제 간 연구 및 협력을 장려합니다.
4. 학생들이 개인의 관심사와 경력 목표에 맞게 교육과정을 조정할 수 있도록 유연하고 사용자 정의가 가능한 커리큘럼을 제공합니다.
5. 학생들이 학업에서 직업 생활로 전환할 수 있도록 경력 개발을 위한 강력한 지원 및 자원을 제공합니다.

전반적으로 관련성과 영향력을 유지하기 위해 교양 교육은 끊임없이 진화하고 사회와 노동력의 변화하는 요구에 대응해야 합니다.

이 결과물은 전문가 입장에서 보면 상당히 피상적인 수준의 답변이다. 특징과 깊이가 없는, 예쁜 정돈이다. 챗GPT 스스로도 '내가 아직은 잘 몰라, 왜냐하면 최근 자료가 없거든'이라고 말한다. 문제는 챗GPT에 자료가 더 많이 입력된다면 이 답변은 상당히 업그레이드될 것이라는 사실이다. 자료의 업데이트와 축적은 시간문제다.

그리고 전체적인 구성을 보면 퍽 똑똑하고 완결성을 지닌다. 1~5번 항목이라는 본론만 제시한 것이 아니라 서두-본론-결미까지 갖추어 1편의 글을 만들었다. 전제를 제시하는 서두의 역할, 전체 내용을 종합하는 결미 문단의 역할도 알고 적용했다.

여기까지 보면 챗GPT는 상당히 유용하고 비약적으로 향상된 기술이라고 볼 수 있다. 그런데 교육자 입장에서는 그렇게 단순한 문제가 아니다. 우선 챗GPT를 활용해 과제를 작성하는 학생들을 어떻게 구별할 것인가? 이것이 과제를 내주는 대학에서 상당히 중요한 문제가 될 수 있다. 대학뿐일까? 중학교, 고등학교에서 수행 평가 과제를 내면 학생들이 챗GPT를 통해 얻은 결과물을 암기만 해서 제출할 수도 있다. 아직 한국어판 개발은 초기 단계에 머물러 있다. 그렇지만 인공지능이 발달하는 속도가 무시무시해서 한국 어판이 상용화될 날도 그리 멀지는 않은 듯하다. 지금도 챗GPT를 활용해 영문 결과물을 얻고, 구글 번역기나 파파고(PAPAGO)에서 한국어로 옮길 수 있다.

학생이 직접 애써서 작성한 과제와 인공지능을 통해 얻은 과제를 어떻게 구별하고 평가할 것인가는 교육자들의 고민거리다. 이는 학부모의 몫이 아니다. 학부모가 주목해야 할 것은 따로 있다. 우리 아이가 살아갈 세상은 인공지능이 엄청난 역할을 하는 세상이 될 것이라는 사실이 중요하다. 우리가 이미 경험한 세상과 우리 아이가 앞으로 경험할 세상은 많이 다르다. 그렇다면 인공지능과 함께할 미래에 독서 활동은 어떻게 이루어져야 하는가? 우리는 무엇을 준비해야 할까?

챗GPT 시대일수록 수준 높은 읽기 능력이 필요하다

'미래에는 챗GPT같은 챗봇이 글을 다 써준다는데 이제 읽고 쓰기는 끝난 것 아닌가?' 이렇게 생각하는 사람도 있을 것이다. 전혀 아니다. 읽기는 여전히 중요하다. 아니, 챗봇의 등장으로 읽기의 중요성은 더욱 커질 것이다. 그 대신 쓰기에 할애하는 시간과 노력의 비중이 줄어들 가능성이 크다.

쓰기의 가치가 줄어든다는 말이 아니다. 그렇지만 문장과 전체 구성, 세부 사항의 작성에 큰 노력을 기울이지 않아도 되도록 인공지능이 글을 다듬어주는 세상이 올 것이다. 그렇다면 반대로 인공지능이 할 수 없는 것의 중요성이 더욱 커질 수밖에 없다. 예를 들어 인공지능의 알고리즘과 방향성을 기획하는 사고력이 큰 가치를 부여받을 것이다. 우리 아이들이 읽기 능력을 길러야 하는 이유는 다음과 같다.

첫째, 챗봇이 아무리 수준 높은 리포트를 써준다고 해도 그것을 읽지 못하면 말짱 도루묵이다. 알지도 못하는 내용을 제출한다면 금방 들통날 것이다. 챗봇의 수준이 높아질수록 사용자의 읽기 실력은 더 좋아져야 한다.

둘째, 챗봇을 활용하려면 고급 어휘력은 필수다. 인공지능이 발전하면 챗봇의 결과물에 어려운 단어가 더 많이 등장할 것이다. 생각해보자. 인공지능은 지식이 풍부하다. 개발자는 데이터베이스에 무엇을 입력했을까? 기존 철학, 역사, 사회, 경제 등 그간 누적된 문명의 지식을 다량으로 입력했다. 그 자료의 내용과 표현 수준은 매우 높다. 입력된 자료 중에 구어체, 그러니까 일상적인 대화와 단어의 비중이 클까? 당연히 아니다. 문어체 자료가 들어갔으니 챗봇의 결과물은 고급 언어로 표현될 가능성이 크다. 그것을 읽기 위해서는 단어 실력이 받쳐줘야 한다.

셋째, 챗봇이 내놓은 결과물에는 부족한 점이나 오류가 있을 수 있는데 그런 한계를 파악하려면 해당 텍스트의 내용을 분석하고 요약할 수 있어야 한다. 요즘은 공학 엔지니어가 인기 직종인데 엔지니어는 프로그래밍만 잘하면 되는 것이 아니다. 챗봇의 한계를 보완하고 수정하려는 공학자라면 더욱 수준 높은 텍스트 분석 능력을 갖추어야 한다. 다시 말해 챗봇의 제작과 이용 모두 읽기 능력을 바탕으로 한다는 의미다.

넷째, 챗봇 때문에 과제나 텍스트 수준이 상향 평준화된다면 사람들은 그 이상의 결과물을 기대할 것이다. 그렇다면 기존 챗봇의 텍스트를 종합해 재구성하는 창조력이 필요할 것이다. 여기에는 물론 읽기 능력이 바탕이 되어야 한다.

다섯째, 앞으로는 챗GPT 외 수많은 인공지능이 계속 등장할 것이다. 그 많은 인공지능의 개발이 어떤 방향으로 진행될 것인가는 사람의 의지와 필요에 따라 결정된다. 미래 기술의 방향성은 사고와 사유의 힘을 바탕으로 정해진다는 뜻이다. 이러한 사고력 역시 읽기를 통해 키울 수 있는 영역이다.

현재 학술계에서는 챗봇을 사용한 논문 작성을 일부 제한하고 있지만 앞으로 이 제한은 점차 힘을 잃을 것이다. 나중에 인간과 챗봇이 함께 논문과 학술 자료를 작성하는 것이 자연스러운 일로 받아들여진다면 어떻게 될까? 그 수준은 인간 혼자 쓴 것보다 현격히 높아질 것이다. 그렇다면 당연히 읽을거리의 수준도 더 어렵고, 더 깊이 있고, 더 다양해질 것이다. 지식의 범위와 수준이 지금보다 확대되고 높아질 것이라는 말이다.

챗봇이 생활화된다면 아이들의 읽기 텍스트는 더 어려워질 것이고, 그에 맞추어 아이들은 어휘 수준을 더 높여야 한다. 챗봇의 등장으로 인해 읽기 능력이 그 어느 때보다도 필요한 핵심 능력이 되었다.

챗GPT 시대일수록 수준 높은 질문 능력이 필요하다

챗GPT는 자율 주행 차량에 비유할 수 있다. 지금은 자율 주행 차량 기술이 완벽하지 않지만 근미래에는 상용화될 것이다. 그것이 실현되면 운전자의 기가 막힌 운전 실력은 더 이상 중요하지 않다. 운전자의 손발은 무조건 편해진다. 그 대신 상대적으로 더 중요해지는 것이 있다. 출발지와 목적지 설정, 특정 노선 선택, 가야 하는 이유와 목표 설정 같은 것은 절대로 자율 주행 인공지능이 대신할 수 없다. 챗GPT라는 인공지능에서도 마찬가지다. 내가 하는 일의 시작점과 목적지, 가능한 방법 중 실제 사용할 방법, 내 작업의 이유와 목표 등을 챗GPT가 정해줄 수 있을까. 인공지능이 아무리 양질의 리포트, 과제물, 텍스트를 생산하는 수준으로 진화한다고 해도 이것들을 대신 선택해줄 수는 없다.

특히 중요한 것은 '내 작업의 이유와 목표'다. '가치 있는 질문이 뭐지?' '중요한 건 뭐지?' '이걸 왜 해야 하는 거지?' 같은 질문을 할 수 있는 능력을 우리는 창의적 사고 능력, 비판적 사고 능력, 문제 제기 능력이라고 부른다. 직장과 대학은 물론 중등 수행평가와 과학 소논문 쓰기에서도 최종적으로 중시하는 것이 바로 이 능력이다. 이 능력은 외부에서 주입할 수 없다. 늘 새롭게 인간 내부에서 나와야 한다. 이 능력의 바탕이 되는 것은 사고력과 사유의 시간이고 독서만큼 사고력을 북돋고 사유의 시간을 알차게 채우는 것은 없다.

창의력, 비판적 사고, 사고력. 말만 다를 뿐 실전에서는 비슷하게 쓰인다. 미래 사회가 요구하는 창의력이란 이런 것이다.

1. 남들이 인지하지 못한 주제가 중요하다고 제기할 줄 아는가
2. 현재 무엇이 문제인지 판단할 줄 아는가
3. 남들이 하지 않는 방식으로 새로운 조합을 만들어낼 줄 아는가
4. 이 영역과 저 영역을 조합해 새로운 출구를 제시할 수 있는가

부모들은 아이를 논술 학원, 국어 학원에 보내면서 성적 잘 받는 아이로 만들고 싶어 한다. 그렇지만 성적이 읽기와 국어 공부의 최

종 목적이 되어서는 안 된다. 책 잘 읽는 아이가 좋은 성적을 받을 가능성은 크다. 그런데 그게 끝일까? 고등 3학년까지 좋은 성적 받고 나면 책 읽기는 끝날까? 책을 잘 읽는 것은 평생 가는 능력이다. 그리고 그 능력은 텍스트를 이해하고 활용하는 데 사용되는 것에 그치지 않고 사고, 창조, 비판이라는 두뇌 활동의 핵심이 된다.

국어, 독서, 논술, 토론에서도 가장 중요한 활동이자 끝까지 중요한 활동은 읽기여야 한다. 원고지 작성법에 맞게 쓰기, 작문 과제 완성하기 역시 중요한 일이다. 그런데 이런 쓰기 결과물에 집중한 나머지 읽기 수준을 높일 기회를 놓치는 일이 비일비재하다.

> "고등교육기관인 대학교에서는 쓰기에 집중해도 된다.
> 그렇지만 초등학교에서는 반드시 읽기가 중심이 되어야 하고,
> 고등학교까지도 읽기가 더 중요하다."

읽기를 잘 하면 어떤 과목이든, 어떤 활동이든 수월해진다. 읽기 기반이 탄탄하면 두려운 과목이 없다.

뭐든 인풋이 있어야 아웃풋이 나온다. 국어 영역에서 이 인풋은 아주 긴 시간, 느리게 이루어진다. 그런데 '빨리빨리' 사회에서는 아웃풋에 대한 조급증이 있다. 그러다 보니 읽기에 긴 시간을 투자하는 것을 아까워하고, 쓰기라는 아웃풋을 바로 확인하려고 한다. 아웃풋이 빨리 나오지 않으면 정형화된 패턴으로 글 쓰는 방법을 암기하게 한다. 그리고 생각 없이 글을 토해내라고 요구한다.

이는 독서의 힘에 대한 믿음이 부족해서다. 나는 지금까지 그냥 읽기만 했다는 서울대학교 학생을 많이 봤다. "쓰기는 안 해봤는데 정말 저 잘 썼어요?" 과제 면담에서 이런 말을 하는 학생도 많이 만났다. 읽기를 오래, 꾸준히 했다는 것은 대단한 자산이다. 지속적 읽기는 지식 재산을 축적하는 방법이다. 아이에게 부동산이나 현금을 유산으로 물려줘야 한다고 생각하는 부모가 많다. 그런데 정말 중요한 것은 보이지 않는 재산을 쌓게 해주는 것이다. 지금 집에서 아이에게 책을 읽어주는 부모는 그런 재산을 아이에게 쌓아주고 있는 것이다.

그런데 현실에서는 읽기를 상당히 경시한다. 읽기 자체는 시간이 오래 걸리고, 아웃풋이 바로 나오지 않기 때문이다. 정말 안타까운 것은 보여주기식 아웃풋에 집착하는 현상이다. 일부 학원에서는 성과를 학부모들에게 바로바로 보여줘야 한다고 생각한다. 독서라는 것이 따로 점수 매기기 어려운 영역이니 이만큼 글을 썼다고 아이에게 들려 집에 보낸다. 그런데 그 결과물 생성에 집착하면 아이의 독서는 원동력을 잃는다. 책 읽기는 글쓰기를 위한 수단이 되면 안 된다.

솔직히 말해 쓰기는 읽기보다 훨씬 단기간에 향상될 수 있다. 독서·논술 학원에 다니는데도 아이가 작문을 하지 못한다고 상담해오는 어머니가 생각보다 많다. 그럴 때는 이렇게 이야기한다.

"아이가 책을 좋아합니까? 많이 읽고 즐겨 읽습니까? 그러면 내버려두세요. 결국 쓸 때 되면 씁니다."

엄마표 독서 활동에서도 마찬가지다. 독서·논술 학원에 다닐 때 어떤 활동에 중심을 둬야 할까? 아이가 조용히 집에서 책을 읽는 다면 그냥 흐뭇해하면 된다. 그런데 꼭 불안해하는 부모가 있다. 나도 부모이기에 그 심리를 이해한다. 자식 일이니까 그렇다. 대체 읽고는 있는 건가? 제대로 알고 있는 걸까? 부모는 확인하고 싶다. 그렇지만 그저 책을 읽고 그 안에 빠져드는 독서, 다시 말해 가장 기본적인 '본질 독서'가 가장 바른 길이다. 부모가 먼저 독서를 맹신하라. 어느 시기든 본질 독서가 먼저라는 사실을 잊지 말아야 한다.

> "독서는 입력이고 논술은 출력이다.
> 입력이 선행되어야 한다.
> 그것도 많이?"

쓰기는 결코 읽기의 종착지가 아니다. 읽기의 종착지는 핵심을 파악하고, 방향을 제시하며, 문제를 제기하는 비판적 사고력이다. 텍스트에 숨겨진 의도를 잘 읽어내는 사람이 미래 사회를 선도할 수 있다. 텍스트를 분석할 수 있는 사람이 문제 제기도 할 수 있다. 토론에서도 말하기 기술에 중심을 두지 말고 문제 제기를 어느 수준으로 하느냐에 집중해야 한다. 현란한 말하기 능력, 논박하는 재치가 중요한 것이 아니다.

새로운 아이디어를 만들어내기 위해 책을 읽어야 하고, 시대의 감각을 익히기 위해 책을 읽어야 하며, 자기 내면에 깊숙이 침잠해서 인생과 사회를 생각하기 위해 책을 읽어야 한다. 비전을 제시하기 위해서도 책이 필요하고 좋은 가정과 직장을 지키기 위해서도 책이 필요하다. 유튜브의 단편적 지식만 가지고는 한계가 있다. 읽기 능력은 고득점, 대학 입학을 위해서도 중요하지만 평생의 읽기, 인생의 읽기를 위해서도 중요하다.

국어 학원 200% 활용하기

"다 엄마가 해야겠어? 학원이 더 잘하지 않겠어?"라고 묻는 부모들이 꼭 있다. 그래서 현명한 학원 활용법을 준비했다. 결론부터 말하자면 사교육 기관은 영리하며 효율적이지만 맹신하지 말아야 한다. 그리고 국어 관련 학원에 보내려면 반드시 내 아이의 수준을 절대적 기준으로 삼아야 한다. 마지막으로 독서 국어 학원, 교과(내신) 국어 학원, 수능 국어 학원이 서로 다르니 구분해서 적절하게 활용할 수 있어야 한다.

국어 학원이 대세? 사교육 트렌드 꿰뚫어 보기

대치동 집값이 비싼 이유가 있다. 학군도 학군이지만 학원가가 워낙 잘 형성되어 있다. 유명한 학원과 실력 좋은 강사가 많다. 무슨 과목이든 어느 수준이든 찾아보면 원하는 것을 가르치는 학원이 반드시 있다. 국·영·수는 두말하기 입 아프다. 사탐, 과탐은 세부 과목별로 있고 도형, 실험, 예체능은 물론 코딩, 스피치, 암기력, 두뇌 훈련, 방학 특강, 재수 학원까지 다양한 학원 뷔페가 있다. 강남 은마사거리와 대치역을 중심으로 형성된 대치동 학원가는 사교육의 메카다.

학원에 들어가고 싶다고 해서 다 갈 수 있는 것은 아니다. 특히 수학 학원, 그다음으로 영어 학원의 경우 중·고등학생은 물론 초등학생도 '레테(레벨 테스트)'에 떨어지면 못 들어가는데, 테스트 문항이 여간 어려운 것이 아니다. 선행은 필수라고 하고 '아니, 아이가 이걸 안다고?' 싶은 수준까지 요구하는 곳도 많다.

그런데도 인기는 식지 않는다. 취학 직전 6세 아동을 대상으로 10월부터 초등 영어 학원 레테 시즌이 시작되어 다음 해 2월까지 이어지는데 이때는 잠실, 분당, 목동, 심지어 지방에서도 학생들이 버스를 대절해서 온다. 테스트 신청하는 줄서기 알바도 구하기 어려운 데다 요즘 대부분 학원은 온라인 선착순으로 마감해버린다. 사립 초등학교 추첨보다 더 치열한 것이 대치동 학원 레테 신청이다. 그러다 보니 학원을 위한 '새끼 학원'도 있고, 학원 입학 공략을 위한 맞춤 과외도 부지기수다. 초등, 중등 할 것 없이 10월부터 시작되는 설명회마다 부모들로 미어터진다.

사실 예전에는 어떤 수학과 영어 학원에 갈 것인가가 학부모의 주된 관심사였다. 그런데 근래 6~7년을 기점으로 트렌드가 바뀌었다. 수학과 영어는 여전히 강세인데 국어 학원이 새로운 대세로 추가되었다. 여기서 학원의 명칭을 명확히 구분하자. 중·고등학생을 위한 내신 국어 학원이자 수능 국어 학원은 오래전부터 있었다. 사실 이런 학원에 대한 수요는 거의 정해져 있다. 근방 학교 다니는 아이들의 일정 비율이 수강생을 이루고, 시험 1개월 전 ○○중학교 내신반, △△고등학교 내신반이 형성된다. 이 학원들은 예상 가능한 규모로 늘 비슷하게 운영되어왔다.

그런데 국어 영역에서 사교육 시장 주도로 새로운 학원이 생겨났다. 바로 '논술 학원' '독서 학원'이다. 새로운 학원의 고객은 유치원생, 초등학생, 중학생이다. 그중에서도 메인은 초등학생이다. 요즘은 너나없이 초등학생 때부터 국어 학원에 다니는 것이 유행처럼 번지고 있다.

유행이 되었다는 것은 어떻게 알 수 있을까? 우선 학원 프랜차이즈가 생겨나 가맹 학원이 곳곳으로 퍼진다. 그다음 유명 학원의 부원장이나 인기 강사가 독립해서 차린 비슷한 콘셉트나 이름의 학원이 점차 늘어난다. 그 결과 요즘 아이들은 '○○독서 토론' '△△논술' 같은 학원명이 쓰여 있는 가방을 많이도 들고 다닌다. 특히 3학년 이상 강남 초등학생의 경우 국어 관련 학원을 다니지 않는 아이가 드물 정도다.

이렇게 유행이 되면 국어나 논술 학원도 점점 들어가기 어려워진다. 이상하게도 요즘 부모들은 좋은 학원이 아니라 레벨이 높다고 소문난 학원에 몰린다. 소위 잘나가는 국어 학원의 경우 1년 대기는 기본이다. 실제로 2022년 강남에서 한 초등학생이 2학년 1월에 한 논술 학원 입학 대기 명단에 이름을 올렸을 때 대기 번호가 400번대였다. 그런데 1년이 넘어도 연락을 받지 못했다. 한 유명 중등 국어 학원은 테스트 점수가 80점 이상이 되지 않으면 받아주지 않는다. 그리고 그 정도 점수 받는 아이는 드물다.

자, 이런 이야기를 들으면 부모는 어떤 반응을 보일까? 당연히 불안해한다. 트렌드는 아주 강한 힘을 지니고 있다. 그 강물이 도도히 흘러가고, 많은 사람이 너도나도 그 흐름에 참여한다는데 '그럼 나는? 우리 아이는?' 하는 생각이 들 수밖에 없다. 이럴 때 정신 똑바로 차려야 한다.

> "트렌드를 빨리 캐치하고 아이의 손을 잡고
> 잽싸게 뛰어드는 것이 부모의 역할이 아니다.
> 트렌드를 알고는 있으되, 그중 우리 아이한테
> 적절한 것만 제공하는 것이 부모의 역할이다."

'빠르게 추가하기'가 아니라 '더하고 빼기'와 '적재적소에 투입하기'가 똑똑한 부모의 역할이다. 남들 눈치 보면서 조급해하면 판단력이 흐려진다.

독서 학원도 요즘은 테스트부터 받게 한다. 이때 아이보다 엄마가 더 긴장한다. 그리고 이후 상담에서 대부분 이런 이야기를 듣게 된다. "어머님, 우리 ○○는 어디 어디가 부족합니다. 심각한 상황입니다. 어휘력이 이렇고요, 독해 수준도 이렇습니다. 이미 학습 진도가 늦었네요." 그러니까 자기 학원에 꼭 다녀야 한다는 말이다. 그게 충격받을 일인가? 학원은 당연히 그렇게 이야기할 수 있다. "이 아이는 우리 학원에 다닐 필요가 없을 정도로 잘하네요. 그냥 하던 대로 하세요"라고 이야기하는 학원은 별로 없다.

현명한 엄마라면 학원 기준으로만 아이를 판단하지 않는다. 아이에게 필요한 것은 각자 다르다. 초등 4학년 아이가 반드시 어느 수준에 이르러야 한다는 절대적 기준은 없다. 일찍 출발해야 높이 오르는 것은 아니다. 늦게 출발하는 아이도 높이 오를 수 있다. 게다가 어차피 아이의 수준은 아이가 자라면서 계속 변한다.

그런데도 테스트 결과를 받으면 엄마는 조급해지고, 아이에게 짜증을 내게 된다. 그리고 불안하니까 다그치다 결국 돈을 쓰게 된다. "너는 이런 것도 못 읽니? 다른 아이들은 다 이 정도 책은 쉽게 읽는다는데 이거 빨리 읽어!" 이러면 어떤 아이가 책을 즐겨 읽겠는가? 책 좋아하던 아이도 다 도망간다.

책 읽기가 재미나 즐거움이 아니라 의무이고 혼나지 않기 위한 행위가 되면 아이의 독서 수명은 짧아진다. 부모가 조급해하면 아이의 싹을 잘라버릴 수 있다. 돈 쓰고 애써서 독배를 나눠 마시는 것은 아닌지 항상 반성해야 한다. 꾸준한 독서만이 답이다. 빠르게 걷지 말고 오래 걸어라.

아이가 초등 때 유명 학원에서 최상위권에 오르는 것도 길게 보면 큰 의미가 없다. 학원을 안 다니면서 조용히 혼자서 많이 읽은 친구를 이길 수 없다. 우리 아이는 1,600자 뚝딱 써낸다 하는 옆집 엄마 자랑도 흘려들어야 한다. 아이의 공부는 짧게는 12년, 길게는 20년, 혹은 평생 이어진다. 지금 레테 결과에 일희일비할 이유가 없다는 말이다. 옆집 엄마 달린다고 따라 달릴 필요 없다. 엄마는 아이의 공부 계획을 세울 때 유행을 따르거나 학원의 기준을 중심에 놓아서는 안 된다. 독서 계획도 마찬가지다. 우리 아이의 독서 계획은 어디까지나 아이의 기준에 맞춰 세워야 한다.

엄마는 직접 뛰는 선수가 아니다. 엄마는 코치일 뿐이고 우리 아이가 실전에 임할 선수다. 그리고 코치가 불안해하면 선수는 이리저리 헤맬 수밖에 없다.

나는 대치동의 흐름을 주시하고 있다. 교육자로서, 엄마로서 최첨단 교육 트렌드가 궁금하니 파악은 하지만 폭풍의 눈으로 들어가지는 않는다. 어지간한 학원 설명회는 빠짐없이 참석하지만 좋다고 소문난 학원에 꼭 등록해야 한다고 생각하지 않는다. 학원에 보내도 필요한 기간만 보낸다. 학원 설명회 가서 이야기를 들어보면 학원이 만병통치약 같지만 우리는 알고 있다. 세상 어디에도 만병통치약은 없다. 증상별로 효과가 있는 약을 제때 복용하는 것이 가장 현명한 법이다.

그렇다면 서울대학교 신입생들은 과연 학원에서 독서를 했을까? 국어 학원은 언제 어떻게 다녔을까? 때로는 같은 초등 아이를 키우는 옆집 엄마보다 선배 엄마, 선배 학생의 말을 듣는 것이 현명한 방법일 수 있다.

서울대학교 학생들은 국어 학원에 갔을까?

초등학교 때 독서나 논술 학원(토론 학원)에 다녔는가?

다녔다 **38.1%**

안 다녔다 **61.9%**

현재 대학 신입생이 초등학생이었던 때가 짧게는 6~7년 전, 길게는 12년 전이다. 10년 전이라고 하면 강남에서 독서·토론 학원이 차츰 다양화, 필수화될 때다. 그런데 이 설문 조사 대상에는 강남 외 지역의 아이들도 포함된다. 그렇다면 61.9%에 주목할 것인가, 38.1%에 주목할 것인가? 사실 나는 학원에 다녔다는 38.1%가 놀랍다. 10년 전에도 무려 38.1%의 학생은 독서를 하기 위해 학원에 다녔다는 것이다. 이것이 국어 사교육의 현실이다. 국어 사교육의 대상은 점점 더 어려지고 있다. 그럼 이 아이들은 중학교 때 어땠을까?

중학교 때 국어 공부는 어떻게 했는가?

학원에 다니지 않고 혼자 공부했다 **68.4%**

내신 준비를 주로 하는 학원에 다녔다 **18.4%**

독서 활동을 주로 하는 학원에 다녔다 **10.2%**

토론 활동을 주로 하는 학원에 다녔다 **3%**

중학교에 가서는 독서와 토론 비중이 38.1%에서 13.2%로 크게 줄어들었다. 그 대신 초등 때 없었던 내신 국어 학원이 새로 들어왔다. 중학교에서는 중간고사, 기말고사를 보니까 내신 성적을 올리기 위해 국어 학원에 간 것이다.

여기서 다시 한번 강조하지만 독서는 반드시 초등 때 시작해야 한다. 초등 시절에 '책은 재미있구나, 읽고 싶다, 읽어야겠다'는 마음이 생기지 않으면 나중에 반드시 고생한다.

나는 이 설문 조사 결과를 확인하기 전에는 중학교 시절 국어 학원에 다닌 서울대학교 학생의 비중이 상당히 높을 것이라고 예상했다. 시험이라는 것을 처음 보는 만큼 시험 준비를 했으리라 생각했다. 그런데 학원에 다닌 학생의 비중은 초등학생 때나 중학생 때나 비슷비슷하다. 전체의 70% 정도는 여전히 국어 관련 학원에 다니지 않았다. 국어 성적 올리는 문제는 학원 문제 풀이가 답이 아닐 수도 있다는 생각이 이 설문 결과를 통해 더욱 굳어졌다.

고등학교 때 국어 공부는 어떻게 했는가?

학원에 다니지 않고 혼자 했다 `60.2%`

수능 대비용 학원을 다녔다 `10.2%`

내신 준비용 학원에 다녔다 `28.6%`

토론 활동을 주로 하는 학원에 다녔다 `1%`

독서 활동을 주로 하는 학원에 다녔다 `0%`

사실 독서력을 키우고 국어 공부를 잘하는 데 학원의 영향력이 엄청나지 않다. 설문 조사에 참여한 학생 열에 일곱은 중학생 때 국어 학원의 도움을 받지 않고 내신 시험을 돌파했다. 과연 이런 홀로서기는 고등학교 때도 가능했을까? 고등학교에서는 내신 경쟁이 치열하니까 내신 학원의 비중이 높아지고, 수능도 닥쳐오니까 수능 학원 비중도 높아진다. 그렇지만 여기에서 주목할 점은 따로 있다. 서울대학교에 입학한 학생 중 60%는 국어 시험을 혼자 준비했다는 사실이다. 이 아이들은 홀로 읽고 고민하고 풀었다. 국어는 그렇게 성적 올리는 일이 가능하다.

> "국어 공부는 혼자 할 수 있고,
> 그것이 정석에 가장 가깝다."

학습을 위한 국어 학원은 중학생이 된 이후에 보내자. 그전까지는 집에서든 학원에서든 독서 습관을 기르는 것이 최우선이다. 설문 조사 결과를 정리하자면, 독서·논술 학원은 거의 초등 때만 다니는데 그 비중은 전체의 3분의 1 정도였다. 중등에서는 독서·논술 학원이 아니라 내신과 수능 대비 학원을 다니는데 그조차도 하지 않고 집에서 혼자 실력을 쌓는 것이 가능했다.

나는 결국 독서든 논술이든 내신 국어든 수능 국어든 자기가 혼자 준비하는 방법이 최선이라고 본다. 모국어를 누가 족집게 과외하듯 알려줄 수 있을까? 누가 모국어의 범위를 정해놓고 외우게 할 수 있을까? 만약 아이의 내신 성적이 좋지 않다면 시험 기간에 맞춰 국어 학원에 보내도 된다. 그런데 내가 가르친 많은 대학생들은 이렇게 대답했다. "내신은 학교에서 배운 거 다 외우면 돼요." 물론 학원도 유용한 면이 있다. 학원에서는 족집게로 문제를 찍어줄 수는 없어도 문제지를 대량으로 배포한다. 학교 수업 시간에 졸았던 학생들에게 복습을 시켜준다. 또 학원에 다니는 이유 중 하나는 규칙적인 공부를 강제하기 위해서다.

나는 학원 무용론자는 절대 아니다. 사교육 기관은 공교육 기관보다 덩치가 작아 변화에 빠르게 대응할 수 있다. 그리고 사교육 기관은 매달 돈을 받는다. 그러니까 효율성이 좋을 수밖에 없다. 특정 과목 성적 상승, 전반적인 실력 향상 등 명확한 고객의 요구에 맞춰 결과물을 보여주려고 한다. 하지만 학원에 의존하면 대체 아이는 언제 읽고 언제 생각하나? 학원은 분명 문제 풀이 기술을 기르는 데는 도움이 되지만 결국 국어 공부에서 가장 중요한 것은 혼자 읽고 파악하고 생각하는 시간이다.

그렇다면 독서·논술 학원, 국어 학원은 언제 필요할까?

학원 적재적소 활용법

학원은 '꾸준하게'가 안될 때 정기 구독하는 것이다. 독서와 '꾸준히'는 궁합이 잘 맞는다. 학원은 아이 독서에 도움이 될 수 있다.

단, 아이를 학원에 보내야만 부모가 마음이 편하다는 이유만으로 학원을 강요해서는 안 된다.

그렇다면 언제 학원에 보내야 할까? 너무 어릴 때는 독서·논술 학원에 보내지 않는 것이 좋다. 초등 저학년 이전에는 집에서 책을 보거나 도서관에 같이 가는 것이 최선이다. 독서·논술 학원에 보내려면 초등 중학년 이후가 좋다. 말하기 기술, 쓰기 결과물을 중시하는 학원보다 단어 확장, 핵심 파악, 저자의 의도 찾기를 중시하는 학원을 선택하자. 초등 때는 국어 문법 암기, 문제 풀이에 집착하지 않는다. 아이가 그 학원의 읽기 교재를 즐긴다면 긍정적 신호다.

어떤 학원을 보내야 할까? 중학교 내신 준비를 혼자 못할 것 같을 때, 기출 문제집이나 문제 은행을 봐도 부족한 것 같고 출제 경향을 예상할 수 없다면 내신 준비 국어 학원에 보낸다. 수능 준비를 혼자 못할 것 같을 때, 수능 국어 문제가 생각보다 안 풀리고 접근 방법이 아예 틀린 것 같다면 수능 준비 국어 학원에 보낸다. 단, 수능을 준비할 때 특히 부족한 영역이 있기 마련이다. 한 곳에 오래 보내지 말고 짧게 필요한 학원에 집중한다. 문학, 비문학, 문법 학원을 골라 다니거나 인터넷 강의를 수강한다. 이것이 학원 적재적소 활용법이다.

그런데 학원을 언제 다닐지 아는 것보다 훨씬 더 중요한 문제는 학원을 '언제 끊어야 하느냐'다. 학원은 반드시 그만둬야 할 때가 온다. 학원에 들어가기 어렵다고 해서 학원에서 나오는 것을 아까워하면 안 된다. 사교육에서의 대안은 항상 존재한다. 그럼 언제 학원을 끊어야 할까?

첫째, 학원 공부만 하고 혼자 공부하는 시간이 없다면 과감하게 학원을 끊는다.

둘째, 독서·논술 학원을 다닌 지 2~3개월이 지나도 아이가 학원 커리큘럼을 싫어하면 끊는다. 아이가 학교 도서관에서 직접 자기가 좋아하는 책을 찾는 것이 훨씬 낫다.

셋째, 독서·논술 학원의 경우 아이의 수준에 비해 많이 어려운 책이 커리큘럼에 포함된다면 빠르게 끊는다. 아예 처음부터 그런 학원에 들어가지 않으면 더 좋다. 어려운 책을 읽는다고 해서 아이의 문해력이 길러지는 것은 아니다. 학원 재등록은 학원이 아이에게 책을 깊이 읽는 습관을 잡아주는지 보고 결정한다.

넷째, 책을 읽은 후 학원에 가야 하는데 읽지 못해 보강을 잡는 횟수가 많아지면 학원을 끊는다. 아이의 정기 테스트 점수가 낮다고 학원에서 매번 전화가 오면 역시 학원을 끊는다. 이것은 실패나 포기가 아니라 전진을 위한 일보 후퇴다. 잘못하면 돈 들여서 책을 싫어하는 아이를 만들 수 있다.

다섯째, 내신 국어 시험을 볼 때 1회 정도는 학원을 끊고 시험을 보고, 학원 다니면서 시험을 준비한 결과와 비교할 필요가 있다. 시험 준비를 엄마가 먼저 해주지 않는다. 배가 고파야 밥을 짓는다. 의외로 국어 학원에 다녀서 받은 시험 점수가 혼자 공부해서 받은 점수와 비슷한 학생이 많다.

가장 중요한 기준은 '내 아이'

학원 생활에서 가장 위험한 것은 엄마의 불안감을 없애기 위해 아이를 학원으로 등 떠미는 일이다. 그다음으로 위험한 것은 남들과 학원의 기준에 맞춰 높은 수준의 수업에 아이를 억지로 욱여넣는 일이다. 절대로 내 아이의 키를 학원에 맞추려 하지 말아야 한다. 그런데 현실에서는 많은 엄마가 분위기에 휩쓸려 '내 아이'라는 절대 기준을 망각한다.

> "좋은 학원, 나쁜 학원은 없다. 내 아이에게 적당한 학원,
> 적당하지 않은 학원이 있을 뿐이다."

학원 수준은 꼭 확인해야 한다. 어떤 곳은 초등학생에게 중등용 지문을 제시할 수도 있고 중학생에게 대학용 지문을 제시할 수도 있다. 수능 비문학 풀이를 위해 로 스쿨 시험인 리트(LEET) 문제를 가르친다는 풍문도 있다. 학원 수준이 높다고 해서 아이에게 좋은 것은 아니다. 물론 수업과 교재가 어렵다고 해서 나쁜 학원인 것도 아니다. 중요한 것은 아이다. '우리 아이가 다니는 학원이 이 동네에서 최고 레벨이다'라는 사실에 자부심을 느끼기 위해 학원에 보내서는 안 된다.

초등 자녀의 학부모는 과제와 교재를 확인하고 반드시 '수준이 맞는가'부터 고민해야 한다. 아이 수준에 맞지 않는 텍스트는 아이

에게 도움이 되지 않는다. 무턱대고 수준 높은 책을 읽는다고 해서 아이가 높은 수준에 이르는 것은 아니다. 아이는 자기 수준과 같거나 약간 높은 난도의 텍스트를 즐겨야 한다.

학원에 보내기 전에 우선 선정 교재 목록부터 확인하라. 읽을 책 목록이 내 아이 수준에 맞아야 한다. 초등학생과 중학생은 자기 힘으로 읽어낼 수 있는 책을 읽어야 한다. 책 내용을 학원에서 요약 정리해서 주입하는 방식으로만 파악할 수 있다면 그 독서·논술 학원은 당장 그만둬야 한다. 독서·논술 학원을 결정하려는 부모는 우선 해당 학원의 교재 목록을 확보해 아이의 성향과 수준에 맞는지 판단해야 한다. 너무 어려운 텍스트를 읽도록 아이를 끌고 가는 학원은 안 가느니만 못하다.

"이 교재는 너무 쉬운 거 아니에요? 학원에서 쉬운 책 읽히면 돈 아까워요"라고 말할 수 있지만 책은 아이가 머릿속으로 갖고 놀 정도로 쉬워야 한다. 정보 축적을 위한 독서, 단기간 문제 풀이를 위한 독서가 아니라 지속적인 독서를 생각한다면 그래야 한다. 책을 히말라야 등정하듯 헐떡거리면서 넘긴다면 그 책은 아이에게 살아 있는 재산이 될 수 없다.

그리스 로마 신화에 '프로크루스테스의 침대'라는 이야기가 있다. 프로크루스테스는 길 가는 나그네를 자기 집에 데리고 와 침대에서 자게 하는데, 침대보다 키가 큰 사람은 침대에 맞게 다리를 잘라 죽였고, 침대보다 키가 작은 사람은 키를 늘려 죽였다. 다양한 경우의 수를 인정하지 않고 절대적인 기준만 강조하는 불합리함을 상징하는 이야기다.

프로크루스테스의 방식이 나쁘다는 것을 알지만 우리는 일상에서 프로크루스테스가 되는 경우가 많다. 많은 부모가 불안함 때문에, 혹은 아이를 너무 많이 사랑하고 걱정해서 남의 기준에 내 아이를 억지로 맞추려는 실수를 저지른다. 급하게 가지 말자. 나도 우리 아이만 생각하면 항상 조바심 나고 불안해져서 날마다 '멀리 보자'를 기도하듯 외운다.

그러면서 내가 가르치는 서울대학교 학생들에게 종종 물어본다. "너는 언제 공부할 마음이 들었니?" 백이면 백 중학생까지는 철부지였고 고등학교 가서 정신 차렸다고 한다. 사교육이나 선행의 목표는 아이가 더 높이 날고 더 치고 나가고 싶어 할 때 도움을 줄 기반을 마련해주는 것이다. 공부에 손을 놓고 있으면 나중에 공부하고 싶다는 마음이 들어도 주변과의 수준 차이 때문에 좌절할 수 있다. 공부하고 싶을 때 할 수 있도록 기반을 탄탄하게 하는 것이 고등 1학년까지의 목표다. 그래서 공부에서 손을 놓지는 말되 다양한 가능성을 염두에 두어야 한다.

아이들은 아직 어리다. 우리 아이에게 맞는 침대는 반드시 존재한다. 그러니 사교육 중심 세상에 비록 살고 있지만 우리는 사교육이 세운 기준이 아니라 내 아이의 수준을 절대적 기준으로 삼고 흔들리지 말아야 한다.

한자 교육이 줄어들수록
한자 아는 아이가 이긴다

서울대학교 학생들과 도서관에서 참고 자료 찾는 수업을 하다 있었던 일이다. 학생들이 책을 1권 가져왔는데 출판사 이름을 못 읽었다. 책을 보았더니 출판사 이름이 한자로만 적혀 있었다. "현암사(玄岩社)잖아"라고 했더니 학생들이 "오오" 하고 반응했다. 우리 세대로서는 조금 놀라운 반응이다. 요즘은 서울대학교 학생들조차 한자에 약하다.

그런데 이것은 우리 아이들 잘못이 아니다. 아이들이 못나서도 아니다. 상황이 바뀌었기 때문이다. 우선 한자 자체를 읽을 일이 별로 없다. 부모 세대 때는 신문에 한자가 많았다. 요즘은 어려운 단어에 한자를 병기해주는 경우도 별로 없다. 물론 지금도 초등학교에서 한자를 배우긴 한다. 그래 봤자 천자문 기본자와 동네, 자기 이름 한자로 쓰기 정도다. 중학교에서 한자 교육이라고 하면 단위 시간이 적은 한문 과목이 전부다. 국어 시간에는 한문을 배우지 않는다.

한자를 못 읽어도 불편함이 피부에 와 닿지는 않는다. 필요하다면 찾아서 읽으면 된다. 모른다면 네이버 옥편 사전에 글자를 그린다. 그러면 여러 한자가 나온다. 비슷한 그림 찾기를 하듯 그중에서 하나를 고르면 끝이다. 그러니까 요즘 아이들에게 한자를 척척 써내라는 요구는 할 수 없다. 대학 작문 수업에서도 한자를 읽고 쓰는 시험은 없어진 지 오래다.

그렇다면 요즘 아이들이 모자란 것일까? 아니다. 사회 전반적으로 한자 표기가 줄어들고 한자를 많이 안 써봐서 모를 뿐이다. 그 대신 아이들은 부모 세대보다 영어를 더 잘한다. 디지털 툴이나 첨단 기기에 대한 접근도도 더 높다. 각자 잘하는 것이 있는 법이다.

우리 아이들은 신세대이고 한자를 많이 안 쓰니까 한자 공부는 안 해도 될까? 대답은 '절대 아니다'이다. 한자 공부는 반드시 해야 한다. 한자어로 이루어진 책을 잘 읽기 위해서 한자 공부가 필요하다. 국어 어휘력을 키우려면 한자 실력을 쌓는 것이 매우 효율적이다. 주변에서 초등 엄마들이 국어 어휘력 키우는 방법을 물으면 "한자 공부 시키세요"라는 대답부터 하게 된다. 한자 실력이 좋으면 국어 실력 향상에 매우 유리하다. 아이가 어휘력을 키우길 위한다면 한자 공부를 시켜야 한다.

"한자 교육을 안 하는 것이 대세니까 우리 아이도 한자를 알 필요 없다고 생각하면 안 된다. 오히려 한자를 잘 아는 것이 최근 트렌드는 수학 연산과 한국사 조기 학습이다. 대개 수학 연산 학습지는 일찍 시작한다. 한국사 공부도 일찍 시작한다. 그런데 이상하게 한자는 그만큼 중요하게 생각하지 않는다. 수학에서 연산이 중요한 이유는 사칙연산이 수학의 기본이기 때문이다. 미적분, 함수까지 다 배워도 연산을 틀리면 오답이 나온다. 한자가 바로 수학에서의 사칙연산과 유사한 국어의 기본이다. 한자는 우리말의 중요한 일부다. 한자를 기반으로 탄생한 우리말의 수는 엄청나게 많고, 그 쓰임도 엄청나다. 그런데 이 중요한 것을 왜 안 익히나? 이 중요한 것을 왜 놓칠까? 한자 공부는 국어 공부에 이득이 되는 지름길인데 말이다.

한자의 힘은 응용에 있다

여기서 말하는 한자 공부란 무엇일까? '한문 그대로를 쓸 수 있다'는 우리 공부의 목표가 아니다. 국어 실력을 생각한다면 '한문'보다 '한자'에 주목해야 한다. 한문과 한자는 좀 다르다. 예를 들어보자. '지자요수 인자요산(智者樂水 仁者樂山)'이라는 말이 있다. 공자의 《논어》에 나오는 구절이다. '智者樂水 仁者樂山'이라는 구절을 보고 '지혜로운 사람은 물을 좋아하고 어진 사람은 산을 좋아한다'

라고 해석하는 것이 한문이다. 한자 공부는 좀 다르다. 더 기본적인 수준이다. 이 구절에서 각각의 글자를 알아보는 것이다. '水'가 물이라는 뜻이고 '수'라고 읽는다는 것, '智'가 지혜로움을 뜻하고 '者'가 사람을 뜻해서 '智者'가 '지혜로운 사람'을 의미한다는 것을 아는 게 한자 공부다.

그렇다면 한자가 국어에 어떻게 도움이 될까? 어휘력 향상에 어떻게 작용할까? 예를 들어보자. 아이가 '풀 초(草)' 자 하나를 정확히 안다면 아이는 이 글자를 상당히 많은 국어 어휘로 확장하는, 이른바 '어휘 확장성'을 갖추게 된다. '草'를 반듯하게 쓸 줄 알면 더 좋겠지만 획을 못 그려도 괜찮다. 적어도 아이는 '풀 모양을 닮은 어떤 글자가 있는데, 초라고 읽고 풀을 의미한다' 정도까지는 알아야 한다. 그리고 화초, 해초, 초원, 목초, 초막, 초목이라는 한글 단어가 등장했을 때 '여기서 초라는 글자가 풀을 의미하는 한자일 것 같다'라고 예상할 수 있어야 한다. 그럼 이 단어들이 다 풀과 관련되었을 것이라는 감이 생긴다.

이 감이 바로 '언어감'이다. 이게 있어야만 단어를 정확하게 알고 빠르게 확장할 수 있다. 세상에 단어가 얼마나 많고, 말의 세계가 얼마나 넓은데 아는 것만 책에 나오겠는가? 몰라도 문맥상 짐작해보고 한자도 추측해서 읽어야 하는데, 처음 보는 단어의 일부에서 힌트를 얻을 수 있다면 이 아이의 독서 인생은 술술 잘 풀릴 것이다.

나아가 '초'라고 읽는 다른 한자를 익히면서 '초대'라는 말은 '풀

초'가 아니라 다른 '초'를 사용한다는 것도 알게 된다. '부를 초(招)'라는 글자도 알게 되면 초대, 초청이라는 말이 '부른다'라는 뜻이구나 하고 이해하게 된다. 이어서 '처음 초(初)'라는 글자를 알게 되면 '초대 대통령' '초대 왕조' 등이 각각 첫 번째 대통령, 첫 번째 왕조를 뜻한다는 사실을 빠르게 이해할 수 있다.

다시 말해 한자 자체가 아니라 한자의 응용이 문제다. 아이를 다그쳐 8급 한자 시험부터 응시하지 않아도 된다는 말이다.

> "한자 시험 급수를 따는 것이 아니라 한자를 통해
> 언어감을 익히는 것이 중요하다."

한자에서 태어난 한글 단어를 보았을 때 그 뜻을 예상하고 확장하지 않으면 국어 텍스트를 잘 읽기 어렵다. 즉 우리 아이에게 한자란 단어를 통찰력 있게 보게 해주는 수단에 해당한다. 그리고 한자 실력은 단어에 대한 감, 즉 어휘 추론력을 키우는 데 필수다. 문맥을 통해 모르는 단어의 뜻을 짐작할 수 있는데, 한자를 익혀두면 그 짐작이 훨씬 정확하고 빨라진다. 수학 연산처럼 한자도 꾸준히 공부해야 하고 한자 자체가 아니라 그 응용에 주목해야 한다.

그래서 알아야 할 단어가 급격하게 늘어나는 초등 3학년 전후에는 한자 공부를 시작하는 것이 좋다. 보통 수학 연산은 초등 6년, 중·고등 6년, 도합 12년을 꾸준히 하는 경우가 많다. '꾸준히 조금씩'을 이길 장사는 없다. 한자도 마찬가지다. 꾸준히 하는 것이 가장 중요하다. 초등학생은 한자를 얼마나 배워야 할까? 하루에 한 글자도 많다. 일(日), 월(月), 천(天), 지(地), 산(山), 수(水), 상(上), 하 (下) 등 기본적인 한자부터 시작해 일주일에 1~2자라도 꾸준히 공부하도록 한다.

한자는 처음 배우면 반드시 배운 것을 잊어버리게 되어 있다. 아이가 배운 것을 까먹었다고 화를 내면 안 된다. 오히려 까먹는 것이 좋다. 한번 잊고 다시 공부하면 더 분명해지기 때문이다. 처음에는 보통 8급 한자부터 시작하는데 8급 한자가 다 쉽지만은 않다. 부모들은 모든 한자를 완벽하게 배워야 한다고 생각하는데 쉬운 것만 골라서 반복적으로 학습한다. 쉬운 한자를 전부 익히고 나면 다시 처음부터 반복 학습을 할 수 있게 해준다.

한자 문제집을 산다면 첫 장에서 마지막 장까지 빈칸 없이 다 채우는 데 집착하지 말아야 한다. 그 대신 한자를 통해 아이가 말을 확장할 수 있는지 점검한다. 한자 2개를 조합해 쉬운 두 글자 단어를 만들 수 있는지, 쉬운 두 글자 단어를 이해하는지 확인하라는 것이다. 그러고 나서 풀었던 문제집을 또 1권 사서 반복하게 하는 것도 좋은 방법이다. 쉬워도 반복한다. 알아도 반복한다. 한자 획수, 부수, 옥편 찾기 등도 중요하지만 뜻과 음, 그리고 그 한자를 활용해 만든 단어를 반복 학습하는 데 중심을 둔다.

지금 시중의 학습지는 대개 일주일에 4개에서 6개 한자를 배우게 되어 있다. 너무 많다. 이 진도대로라면 아이는 한 달에 최소 16자를 배우게 되고 1년에 192자를 배우게 된다. 그러면 아이는 한자를 제대로 익히지 못한다. 부모는 돈 낭비, 아이는 시간 낭비만 한다는 말이다. 따라서 6개월간 한자 진도를 나간다면, 어느 정도 배운 뒤에는 선생님께 부탁해서 반드시 처음부터 다시 반복해야 한다. 그 쉬운 '날 일'에 '물 수'를 다시 배우는 데 쓰는 시간과 돈이 아깝다고 해도 어쩔 수 없다. 아이가 감당하기 어려운 단어가 나온다 싶으면 다시 3개월 전에 배웠던 것으로 돌아가서 반복, 혹은 그 3개월을 다시 반복해서 실력을 탄탄하게 다지면서 느리게 진도를 나가야 한다. 진도가 빠르면 배운 한자가 머릿속에서 금방 휘발되어버린다. 낯선 한자가 묵직하게 자리 잡히려면 강철을 담금질하듯 아이 머릿속을 여러 번 두드려야 한다.

일주일에 한자 하나를 배운다면 1년에 50자를 익히게 된다. 그럼 한자를 활용한 단어는 얼마나 늘어날까? 아이들이 쓰는 단어의 수는 폭발적으로 늘어난다. 50개 한자를 쥐고 있으면 낯선 단어 1,000개, 2,000개도 알 수 있다. 단어를 만드는 원리를 익히게 되고, 단어의 뜻을 유추하기가 쉬워진다.

여기서 부모님이 기억해야 할 언어의 '마중물'이 있다. 마중물이란 물을 끌어올리기 위해 위에서 부어주는 물을 의미한다. 언어의 마중물 역할을 하는 것은 아이 스스로 언어 감각의 엔진을 돌릴 때까지 부모가 전수해주는 '단어 풀이' 방식이다. 아이는 책을 읽어가면서 반드시 모르는 단어 때문에 막히게 된다. 그럴 때 그 단어가 무슨 뜻인지 '낱글자 풀이' 방식으로 설명해주면 좋다.

"해초가 뭐야?"

"바다 해, 풀 초, 그래서 바다의 풀이라는 뜻이야."

"망자가 뭐야?"

"죽을 망, 사람 자, 그래서 죽은 사람이라는 뜻이야."

"엄중이 뭐야?"

"엄청나게 중요하다는 뜻도 있고, 엄격하고 정중하다는 뜻도 있어."

한자는 여러 자획이 합해져 만들어진 글자가 많아서 이 조합을 풀어내는 것을 파자(破字)한다고도 하고 해자(解字)한다고도 한다. 이것은 선인들이 즐기던 일종의 수수께끼인데 한 글자 한자 안에 포함된 자획을 풀어헤치며 그 한자를 해설하는 놀이다. 그런데 복잡한 한 글자 한자만 나누어 풀이할 수 있는 것은 아니다. 한글로 표기한 한자어 단어도 위 예시처럼 나누어 풀이할 수 있다. 특히 두 글자 단어가 중요하고 잘 풀이된다.

뜻을 잘 모르겠으면 인터넷 어학 사전을 슬쩍슬쩍 봐가면서 단어를 설명해주되, 그 단어의 한자를 활용해 의미를 풀어서 전달하면 아이에게도 단어를 풀이하는 습관이 옮아간다. 그러면 읽다가 모르는 단어를 만났을 때도 아이는 머릿속에서 퍼즐 맞추듯 요리조리 생각하게 된다. "'초가삼간'이라는 말에서 '초가'는 풀로 만든 집을 말하는 거 아닐까? '경중을 따지지 마라'라는 말에서 '경중'은 가볍고 무거운 것 아닐까?'처럼 아이가 단어를 보고 이런 한자와 저런 한자의 결합이 아닐까 생각하게 된다면 박수를 쳐줘야 한다. 단어 생성의 원리가 아이 안에 자리 잡은 것이다. 그러면 아이의 언어 추론 능력은 빠른 속도로 향상된다.

한자는 모든 과목의 기본

시험에 아는 단어만 나온다고 생각하면 오산이다. 모르는 단어가 더 많고 더 중요하다. 생전 처음 보는 단어를 어떻게든 맞춰가며 내용을 추측해야 텍스트를 이해할 수 있다. 그럴 때 한자 실력과 응용력은 대단한 힘을 발휘한다.

> 1936년 베를린 올림픽 마라톤 경기에서 손기정 선수는 2시간 29분 19초라는 신기록을 세우며 금메달을 획득했습니다. 이후 1992년 바르셀로나 올림픽 마라톤 대회에서 황영조 선수는 손기정 선수의 기록을 15분 56초 단축하며 금메달의 성과를 이뤘습니다. 두 기록의 합이 4시간 42분 42초일 때, 황영조 선수의 기록은 몇 시간 몇 분 몇 초입니까?

이것은 4학년용 고난도 수학 문제집에 나올 법한 지문이다. 분명히 수학 문제다. 그런데 동시에 '국어 문제'이기도 하다. 우선 베를린, 바르셀로나, 올림픽, 마라톤이라는 외래어가 등장한다. 손기정과 황영조가 누구인지, 베를린이 어디에 있는지 몰라도 문제를 풀수는 있다. 그런데 아이들은 그렇게 생각하지 않고 황영조가 누군지부터 고민한다. 게다가 베를린과 바르셀로나 2개의 장소를 왔다 갔다 하니까 혼란스럽다. 그런데 여기에는 또 하나의 장벽도 있다. 신기록, 획득, 단축, 성과라는 한자어다. 어른들에게는 익숙하지만 아이들에게는 익숙하지 않은 단어다.

무슨 문제든 우선 상황을 이해해야 푼다. 수학 연산이 먼저가 아니고 '획득'과 '단축'이 뭔지부터 알아야 이 문제를 해결할 수 있다는 말이다. 이런데도 한자 감각이 필요 없을까?

다른 예도 한번 들어보자. 초등 교과서와 중등 교과서의 차이는 어마어마하다. 초등 교과서는 그림이 반, 글자가 반이다. 알록달록하고, 사진과 만화도 많고, 편집이 화려하다. 그랬던 교과서가 중학교에 들어가면 완전히 바뀐다. 글자가 급격하게 작아지고, 글밥이 엄청나게 많아지고, 두께 자체도 달라진다. 상전벽해급이다. 고등학교에 들어가면 말할 것도 없다.

초등 교과서는 풀어서 친절하게 설명하기 때문에 한자 기반 단어가 별로 없다. 일상적으로 엄마, 아빠와 대화를 주고받으면 다 이해할 수 있는 '구어체' 중심이다. 그런데 중학교부터는 교과서가 '문어체' 중심으로 바뀐다. 내용도 압축의 압축이다. 글자가 작아져도 배울 내용이 많아서 표현이 압축되는 것이다. 그렇게 되면 한자가 압도적으로 많이 등장할 수밖에 없다.

바로 이때 한국어를 이해하지 못하는 아이들이 굉장히 많다. 중학생은 세상에서 본인이 가장 잘났다는 '근거 없는 자신감'으로 사는 아이들이고, 그래야 하는 아이들이다. 그런데 기본 교과서도 이해가 안 된다? 한국인인데 한국어를 하나도 모르겠다? 아이들은 좌절한다. 자존심과 불안감 때문에 누구에게 쉽게 상황을 털어놓을 수도 없다. 결국 교과서를 아예 놓아버린다. 자기 자신에게 실망하면서 스스로를 미워하기도 한다.

자기 자신을 이해할 수 없어 질풍노도에 빠져버리는 아이들이 교과서마저 이해할 수 없어 또다시 소외된다. 너무 위험하고 슬픈 상황이다. 그것을 피하기 위해서라도 한자 기반의 언어감을 갖추게 해줘야 한다. 초등학생 때, 아이가 제 앞길을 내다보지 못하고 한자를 싫어한다고 해도 아이에게 야금야금 한자를 먹여주면 나중에 중학교 교과서를 펼쳤을 때 앞이 캄캄해지는 일은 피할 수 있을 것이다(그렇다고 해도 조바심 때문에 한자를 더듬거리는 아이를 족치지 마시라. 길게 보고 길게 가면 언젠가는 된다).

3. 프랑스 혁명과 나폴레옹 시대

• 구제도의 모순이 곪아 터지다

프랑스 혁명은 구제도의 모순에서 비롯되었다. 소수에 불과한 제1신분인 성직자와 제2신분인 귀족은 막대한 토지를 소유하면서도 세금은 거의 내지 않았다. 하지만 인구의 대부분을 차지하는 제3신분인 평민은 각종 세금과 부역을 부담하면서도 정치에는 참여하지 못하였다.

제3 신분 중에서 상공업의 발달로 부를 축적한 시민계급인 부르주아지는 구제도의 모순을 비판하기 시작하였다. 이들은 계몽사상과 미국 혁명의 영향을 받아 구제도의 모순을 해결하고 평등한 사회를 건설하고자 하였다. 이러한 상황에서 흉작으로 물가가 폭등하자 제3 신분의 불만이 더욱 커졌다.

(생략)

자료 : 인간과 시민의 권리선언 발표(인권 선언, 1789. 8)

제1조 인간은 자유롭고 평등하게 태어났다.

제2조 자유, 재산, 안전, 그리고 압제에 대한 저항권은 인간이
　　　　지닌 불가침의 권리이다.

제3조 모든 주권의 원리는 본질적으로 국민에게 있다.

제4조 자유는 타인에게 해롭지 않은 모든 것을 할 수 있는
　　　　힘이다.

제6조 모든 시민은 직접, 또는 대표자를 통해 법의 제정에 참여할
　　　　권리를 갖는다.

출처: 《중학교 역사 ①》, 리베르스쿨, 2021, 138–139쪽

　이것은 중학교 교과서에 실린 지문이다. 특히 어려운 부분을 일부러 뽑은 것이 아니다. 그런데 조사와 서술어를 제외하고는 한자 아닌 글자를 찾기가 어렵다. 이게 끝일까? 난도가 더 높은 지문을 수능에서 또 만나게 된다. '킬러 문항'이 싹 빠진다고 해도 고등 학교에서 배우는 텍스트의 난도는 위 지문보다 훨씬 더 높아진다. 이

런 텍스트를 자연스럽게 읽으려고 한다면 한자 실력을 쌓지 않고는 어렵다. 예시문에 등장하는 흉작, 압제, 저항, 본질, 제정 등이 무엇인지 정확히는 몰라도 대충 추정할 수는 있어야 한다. 그것은 문장의 앞뒤 맥락만 봐서는 어려운 일이다. '아, 흉작이 흉하게 지었다는 말일 것 같아. 흉가랑 비슷한 '흉'이겠지. 그렇다면 흉작이란 풍작의 반대말이 아닐까?' 이 정도 사고가 진행되어야 한다는 말이다. 그러니 한자 공부, 제발 하자.

한자를 일종의 게임 아이템이나 레벨처럼 쌓아가는 재산이라고 생각하자. 아이템이 많고 레벨이 높다면 게임 플레이가 쉬워지는 것은 당연하다. 연산 문제집을 꾸준히 푸는 데 집중한다면 수학의 토대를 준비하고 있는 셈이다. 마찬가지로 한자 실력을 꾸준히 축적하는 일을 게을리하지 않는다면 어휘력의 토대를 다지고 있는 것이다.

학습 만화, 읽힐까 말까?

"우리 아이는 만화책만 읽어서 고민이에요."

만화를 읽혀 말아? 아이를 냅둬 말아? 어떻게 하느냐고 상담해오시는 부모님들이 많다. 책을 붙잡고 있어서 다행이라고 생각했는데 알고 보니 만화책만 본다는 것이다. 여기서 문제는 무엇일까? 바로 만화책'만' 본다는 것이다. 만약 만화책'도' 본다면 큰 문제가 되지 않는다. 그냥 두면 된다.

많은 독서 코치들이 '학습 만화 절대 불가'를 주장한다. 결론적으로 말해 나는 절충적 입장이다. '절대'는 아니다. 서울대학교에서 만난 학생 중 "저는 만화 말고는 안 봤습니다"라고 말하는 경우도 있었다. 물론 극소수이긴 했다. 그리고 이런 학생의 대부분은 수학 영재라는 대단한 '치트키'가 있었다.

이상적인 상황이 아니라 현실적인 상황을 놓고 살펴보자. 학습 만화 1권도 없는 집은 거의 없다. 초등학교 교내 도서관에는 학습 만화가 종류별로 꽂혀 있다. 부모가 못 읽게 한다고 해서 아이들이 학습 만화를 안 읽지는 않는다. 학습 만화에는 장점이 있다. 그리고 위험성도 분명히 있다. 그렇다면 우리에게 필요한 것은? 현명한 접근법, 영리한 활용법이다.

학습 만화, 무엇이 좋고 무엇이 나쁜가?

장점부터 살펴보자. 대표적으로 초등학생은 '와이?(WHY?)' 시리즈를 많이 보는데, 이것은 무시할 수 없는 책이다. '와이?'에는 인도자인 어른(대개 과학자나 가상의 인물), 도우미인 로봇(혹은 낯선 생명체), 악당이나 방해자, 까불이와 똑순이가 등장한다. 통통 튀는 대화도 나오고 엉뚱하고 웃긴 상황, 위기를 극복하는 스릴도 있다. 그것만 있을까? 아니다. 쪽 하단이라든가 별도 쪽에 그림과 사진 자료, 과학 지식과 역사, 과학의 원리와 미래 가능성을 제시한다.

이 부분이 상당히 유용하다. 화석의 종류와 발견 지대라든가, 생물의 학명과 진화 등 기본 상식부터 수준 높은 내용까지 정보를 흡수하기 좋게 되어 있다. 이런 것을 읽고 본다면 '잡식(잡다한 지식)'이 늘어날 수 있다. 수능을 볼 때 잡학다식하면 상당히 유리하다. 어디서 들어본 지시문을 읽는 것과 생판 모르는 지시문을 읽는 것에는 큰 차이가 있다.

우리 집 딸은 초등 때 '와이?' 시리즈를 마르고 닳도록 읽었다.

나도 모르는 과학적 사실을 줄줄 설명하고 산에서 발견한 버섯의 이름을 척척 대길래 깜짝 놀랐는데 출처가 '와이?' 시리즈였다. 하도 좋아해서 계속 그것만 읽을 줄 알았는데 때가 되니까 다른 줄글 책으로 옮겨 갔다. '와이?' 시리즈가 지식을 남기고 줄글 독서를 방해하지 않은, 긍정적 경우라고 할 수 있다.

'와이?' 비슷하게 '후?(WHO?)' 시리즈가 있다. 위인전 전집의 인기가 시들해지자 등장한 위인 학습 만화다. '후?' 시리즈 중에서도 레오나르도 다빈치, 토머스 에디슨, 알프레드 노벨, 스티븐 호킹, 스티브 잡스 편은 특히 남학생이 좋아한다. 이것을 읽어서 얻는 것이 분명 있다. 예를 들어 노벨이 무엇을 발명했고 무엇을 추구했는지 알 수 있고 호킹이 어떻게 살았고 무엇을 증명했는지 알 수 있다. 얕은 지식이라고 해도 그것이 관심의 불씨가 되어주면 긍정적이다. 물리학과 블랙홀이라는 말을 이해하고 친숙하게 느끼게 해주기 때문이다. 그러므로 무조건 나쁘다고 할 수는 없다.

학습 만화를 걷어내야 할 때는 바로 이런 때다. 초등학생들이 수업 시간에 수업은 안 듣고 만화책을 돌려 보는 것이 유행이라고 한다. 특히 '와이?'나 '후?' 같은 전통적 학습 만화가 아니라 최근 유행하는 만화책, 유튜브 기반 만화책을 보는 경우가 많다. 이럴 때는 엄마가 단호하게 학습 만화를 빼앗아야 한다. 학교에 들고 가지 못하게 하고 집에서도 치워버려야 한다.

더해서, 가만히 보니 아이가 학습 만화를 너무 빠르게 넘길 때가 있다. 그림만 보는 것이다. 휘리릭 그림만 봐도 이야기 진행을 대충 이해하는 아이들의 경우 서사나 정보를 파악하는 것이 아니라 웃기는 장면만 보는 것이다. 그림만 볼 것이라면 학습 만화보다 그림의 질이 훨씬 좋은 예술적인 그림책이 많으니 그것을 보면 된다. 아이가 그림만 볼 때는 1~2번 화를 억누르고 두고 보다가 그런 일이 계속 반복된다면 학습 만화를 치워야 한다.

학습 만화는 필수가 아니다. 독서의 중심이 되어서도 안 된다. 그런데 학습 만화'라도' 필요한 경우가 있다. 아이가 앉는 것 자체를 힘들어한다면 학습 만화라도 준다. '책은 등 뒤로 던져버리는 거야' 이렇게 생각하는 아이라면 학습 만화라도 준다. 책을 만져보고 펼쳐보는 경험이라도 하도록 해서 책이라는 것이 그렇게 지겨운 것만은 아니라고 인식하도록 해주어야 한다.

공부에는 '엉덩이 힘'이 필요하다. 입은 다물고, 눈과 손과 머리만 작동하면서 장시간 앉아 있는 힘을 말한다. 엉덩이 힘은 인간의 의지로만 생기는 것이 아니다. 이것은 몸으로 익히면서 늘려나가는 힘이다. 경험, 그러니까 실제로 해보는 것이 반드시 필요하다.

고등학교 수험생 시절 하루에 10시간씩 책상에 앉아 공부했던 모범생이 있다고 하자. 이 학생이 대학에 들어와서는 앉아 있는 시간이 확 줄어든다. 술도 마시고 놀기도 하고 여행도 한다. 그러다가 재수를 하려면? 다시 공부량을 늘리려면? 잘 안 된다. 우선 몸이 안 따라준다. 체력이 문제가 아니라 엉덩이 힘이 약해졌기 때문이다. 엉덩이 힘을 회복하는 데 걸리는 시간은 짧게는 1개월, 길게는 3개월이다. 앉아서 공부하는 시간을 점차 늘려가면 다시 예전처럼 매일 10시간씩 앉아서 공부할 수 있다.

마찬가지다. 아이가 책을 읽으려면 우선 '앉기'가 필요하다. 달리면서 읽는 아이는 없다. 걸으면서 읽는 것도 안 된다. 책상 다리를 하고 앉든, 책상 앞에 앉든, 앉아야 한다. 사람 몸은 자루와 같아서 반듯해야 뭐가 좀 들어간다. 자루가 불안정하게 움직이거나 삐딱하게 기울어져 있거나 엎어져 있으면 있는 지식도 줄줄 흘러나온다. 앉아야 책을 제대로 마주할 수 있고, 제대로 마주해야 빠져들 수 있고, 빠져들어야 알 수 있다.

> "책과 마주하는 것 자체를 싫어하는 아이에게 학습 만화는
> 두려움을 없애주는 설탕이 될 수 있다."

그렇지만 설탕을 오래 먹일 수도, 설탕만 먹일 수도 없다. 그리고 설탕에도 종류와 수준이 있는 것처럼 학습 만화에도 소위 '급'이라는 것이 있다. 대표적으로 '브리태니카' 같은 백과사전식 시리즈라든가 초등 과학 학습 만화, 초등 고학년부터 중학생까지 볼 수 있는 '만화로 보는 3분 철학' 시리즈 등은 읽어도 좋다. 확실히 도움이 되는 면이 있다. 학습 만화를 모두 부정적인 시선으로 볼 필요는 없다. 게다가 학습 만화 읽는 시간을 아이는 공부한다고 인식하지 않고 논다고 인식하는 경우가 있어, 엄마 입장에서는 책 읽으면서 논다니 아주 좋다. 아이가 책 읽는 중간중간 머리를 식힐 겸 학습 만화를 손에 쥔다면 혼낼 이유가 없다.

이것은 읽어도 괜찮다, 초등 학습 만화

- '와이?' 시리즈(예림당)

  설명이 필요 없는 유명한 과학 학습 만화. 지식과 정보를 상당히 자세하게 담았다.

- '후?' 시리즈(다산어린이)

  설명이 필요 없는 유명한 위인 학습 만화. 관심 있는 위인을 골라서 읽히면 효과적이다.

- '읽으면서 바로 써먹는' 시리즈(한날, 파란정원)

  신흥 강자다. 특히 '어린이 속담' 세트, '어린이 관용구' 세트, '어린이 사자성어' 세트가 유용하다. 위 시리즈를 좋아한다면 '읽다 보면 저절로 알게 되는' 시리즈의《신비한 높임말 사전》《신비한 공감말 사전》《신비한 동의·거절 사전》을 추가한다.

- 《만화로 보는 정재서 교수의 이야기 동양 신화 1》(정재서, 김영사)

  신화라고 하면 대개 서양 신화만 생각하는데 동양 신화가 숨은 보석이다. 신화는 다양한 문화의 바탕이 되므로 아이들이 만화로라도 미리 접하고 관심을 가지면 좋다.

- '정재승의 인류 탐험 보고서' '정재승의 인간 탐구 보고서' 시리즈 (정재승 외, 아울북)

  문명, 진화, 인간, 과학이 섞여 있어 아이들이 지적 호기심을 느끼게 해주는 만화다. 개인적으로는 '인류 탐험 보고서'가 더 재미있다.

- '놓지 마 어휘 – 한자어' 시리즈(신태훈, 주니어김영사)

  TV에서 방영되는 〈놓지 마 정신줄〉을 보지 않는 대가로 아이에게 읽힌 책인데 의외로 어휘력이 늘었다. 함께 볼 때 아이와 사이가 좋아지는 것은 덤이다.
- '흔한남매 불꽃 튀는 우리말' 시리즈(한은호, 다산어린이)

  '흔한남매' 시리즈 중에서는 이 책만 보게 했다. 역시 TV에서 방영하는 〈흔한남매〉를 못 보게 하려고 선택한 책인데 아이가 생각보다 어휘 설명을 잘 받아들였다.

학습 만화에서 줄글 책으로 넘어가는 방법

학습 만화 불가론을 주장하는 분들이 내세우는 가장 큰 이유는 학습 만화만 보다 보면 긴 텍스트로 이루어진 책을 읽지 못한다는 것이다. 그럴 위험성이 분명히 있다. 그렇게 되면 매우 큰 낭패인데 그런 경우가 왕왕 생기니까, 학습 만화가 독서의 끝자락이 되고 마니까 불가론을 펼치는 것이다. 그래서 학습 만화에 집중하는 시기는 한정되어야 한다.

> "학습 만화를 읽는 학생은 줄글로 넘어가야 한다.
> 언젠가는 학습 만화와 이별해야 하는 것이다."

"그게 안 되니까 그럽니다." 이렇게 토로하는 부모들이 많을 것이다. 그렇지만 학습 만화에서 반드시 줄글, 내용이 긴 책으로 넘어가야 한다. 문제는 아이들이 직관적으로 줄글 책을 알아챈다는 것이다. 우리 아들은 책을 딱 보기만 하면 '이것은 좀 읽어보겠다' '안 읽겠다'라고 바로 결정한다. 비유하자면 냄새만 맡고 '오늘 저녁 메뉴는 김치찌개네? 나 안 먹어. 나 치킨 시켜줘' 하는 식이다. 그림 적고 글자 작고 내용 긴 책은 기가 막히게 알아챈다. 표지나 제목만 보고도 안다.

이게 우리의 문제이고 모순이다. 앉기라도 하라고 학습 만화를 줬는데, 오직 그것만 읽겠다고 하는 상황을 초래했다면? 엄마는 학습 만화를 원망하게 된다. 자, 원망하지 말고 방법을 찾자. 학습 만화에서 줄글 책으로 넘어갈 때는 다음과 같은 방법을 써볼 수 있다.

1. 만화적 포인트가 있는 줄글 책을 준다. 전체적으로 만화가 아니어도 재미있다는 인식을 심어준다.

2. "흑백 책은 싫어!"를 외치는 아이들이 있다. 그런 경우에는 무채색 삽화가 많은 줄글 책으로 달래서 흑백 줄글 책에 점차 익숙해지도록 한다.

3. 줄글 책 중에서도 아이가 좋아하는 주제를 찾아 제시한다. 영웅 이야기, 모험담, 더럽거나 웃긴 이야기, 환상적인 이야기, 오싹오싹한 이야기, 자신과 학년이 같은 주인공 이야기 등이 잘 먹힌다. 흥미 있는 내용에 빠지면 만화에 대한 집착을 버릴 수 있다. 예를 들어 사계절에서 나온 김

회경의 《똥벼락》이라는 책은 내용이 더럽다는 장점 때문에 싫어하는 아이가 별로 없다.

만화책 편식을 극복하는 방법이 있다. 절충 단계를 만들어 점진적으로 옮겨 가는 것이다. 이럴 때는 '만화적 포인트가 있는 줄글책'을 이용하면 된다. 쉬운 '배드 가이즈'부터 조금 어려운 '코드네임' 시리즈까지, 찾아보면 상당히 많다. 고급스러움에 집착하지 말자. 이때는 웃긴 책, 모험 책, 영웅 책 등을 활용해야 한다.

만화를 좋아하는 아이는 색색의 삽화가 적은 책은 무턱대고 싫어한다. 흑백 책을 받아들일 수 있도록 해주는 기간이 필요하다. 우선 화려한 색은 없어서 밋밋하지만 만화처럼 생긴 삽화가 있는 책을 중간에 징검다리 삼아 아이에게 준다. 이것을 밟고 가면 나중에 삽화가 점점 적어지고 글자가 점점 늘어나는 책으로 옮겨 가기 수월하다. 그래서 적어도 초등 중학년이 되면 줄글로 된 책을 혼자 묵독할 수 있어야 한다. 그 옆에 학습 만화가 있어도 상관은 없다 (조금씩 치운다). 그렇지만 초등 고학년이 되면 학습 만화의 비중보다 줄글 책의 비중이 확실히 높아야 한다.

다음 목록은 컬러 만화에서 흑백 줄글로 넘어가는 징검다리다. 엄마 눈으로 아이의 책을 고르지 말고 아이의 눈도 고려해주기 바란다. 엄마 눈에는 유치찬란하게 보일 수 있지만 아이는 이 책을 통해 엉덩이 힘을 기르고 책에 가까워질 수 있다.

영차 영차 줄글로 넘어가자, 만화적인 줄글 책

- '뼈뼈 사우루스' 시리즈(암모나이트, 미래엔아이세움)

  저학년 추천 도서. 내용이 고급스럽지는 않다. 엄마가 좋아할 만한 내용은 아니지만 앉아 있는 힘을 길러줄 책은 된다. 무척 재미있어서 아이들이 잘 읽는다.

- '추리 천재 엉덩이 탐정' 시리즈(트롤, 김정화 옮김, 미래엔아이세움)

  저학년 추천 도서. 엄마는 그다지 선호하지 않아도 아이들이 좋아하는 책이다. 책 읽는 습관이 문제라면 입문용으로 읽힐 것을 추천한다.

- '배드 가이즈' 시리즈(애런 블레이비, 신수진 옮김, 비룡소)

  저학년 추천 도서. 상당히 괜찮은 책이다. 이 책 싫어하는 어린이는 못 봤다. 영상물도 나오기 때문에 읽히기가 매우 쉽다. 잘 앉아 있지 않는 남자아이라면 이 목록의 상단 세 책이 정답이다.

- '엽기 과학자 프래니' 시리즈(짐 벤튼, 박수현·양윤선 옮김, 사파리)

  늦어도 2~3학년쯤이면 모두 읽는 책이다. 초등학교 도서관에서 너덜너덜 낡은 '프래니'를 종종 발견할 수 있다.

- '코드네임' 시리즈(김경수, 시공주니어)

  저학년에서 중학년까지 추천 도서. 이 목록의 '최애' 책이다. 무조건 성공한다. 한번 잡으면 놓을 수 없을 정도로 재미있고 웃기며 박진감 넘친다. 게다가 퍽 두껍기 때문에 두꺼운 책이라면 질색하는 아이의 편견을 없앨 수 있다. 이 책을 잘 읽으면 '헌터걸'로 옮겨 가면 된다.

- '헌터걸' 시리즈(김혜정, 사계절)

  중학년에서 고학년까지 추천 도서. 재미있다. 모험담과 영웅을 좋아하는 아이라면 잘 읽을 책이다.

- '건방이의 건방진 수련기' '건방이의 초강력 수련기' 시리즈(천효정, 비룡소)

  중학년에서 고학년까지 추천 도서. 책을 싫어하는 아이도 재미있게 읽는다. 특히 이 책 싫어하는 남학생은 못 봤다. 엄마들은 유치하다고 한숨 쉴지 몰라도 속독을 가능하게 해주는 책이다. 읽어주면 고마운 일이다. '건방이의 속담 수련기'도 좋다.

- '윔피 키드' 시리즈(제프 키니, 김선희 · 지혜연 옮김, 미래엔아이세움)

  중학년에서 고학년까지 추천 도서. 이 시리즈는 한번 빠지면 쭉 읽는다. 윔피 키드를 좋아하는 학생이라면 시공주니어의 '나무 집'과 길벗의 '꿈' 시리즈도 잘 읽을 가능성이 크다.

- '나무 집' 시리즈(앤디 그리피스, 신수진 옮김, 시공주니어)

  중학년에서 고학년까지. 전통의 강호다. 무거운 책을 붙들고 있을 힘을 길러준다. 13층부터 시작해 지금 156층까지 나왔다. 생각보다 글자가 작고 그림이 자잘해서 일부 학생은 이 책도 싫어할 수 있다. 엄마는 화내지 말고 중고로 되파시기를.

마지막으로, 만화가 초등 전용이라고 생각하면 손해다. 만화로 잡다한 지식을 빠르게 쌓을 수 있다. 신속하고 재미있게 지식을 취할 수 있는데 만화가 왜 나쁜가?

줄글 읽는 아이는 이것까지 읽으면 좋고, 줄글 싫어하는 아이는 이거라도 읽어야 한다.

중학생 아이에게 반드시 읽혀야 할 만화 3종

- '만화로 보는 3분 철학' 시리즈(김재훈 외, 카시오페아)

  다루는 범위나 설명의 재미를 보면 상당히 괜찮은 철학 입문서다. 철학은 학문 중에서 가장 어렵지만 중학교 들어가면 알아두긴 해야 한다. 이 책은 만화라서 줄글 책보다는 소화하기 쉽지만 여전히 어렵긴 하다. 초등 중학년에게는 주지 말 것. 수준이 아주 높은 초등 고학년이나 중학생이 소화할 수 있다.

- '사피엔스: 그래픽 히스토리' 시리즈(유발 하라리, 김명주 옮김, 김영사)

  학생들이 대학 들어오기 전에 꼭 읽었으면 하는 책이 《사피엔스》다. 본책은 두껍고 어려우니 그래픽 노블이라도 읽으면 크게 도움이 된다.

- 《만화로 읽는 수능 고전시가》(이가영, 꿈을담는틀)

  "심봤다"를 외칠 만한 책. 국어를 좋아하는 중학생도 고전 시가는 싫어하기 마련이다. 그 싫어하는 것도 좋아지게 만드는 책. 우리 아이가 중학교 때 이 책을 2권 사서 같이 읽었다. 효과가 매우 좋다.

다독을 못할 때의 필승 독서 전략

많이 읽고 잘 읽는 아이는 그냥 두면 된다. 아이는 기특하게도 자기만의 독서 이력을 알아서 만들어갈 것이다. 문제는 다독하지 않는 아이다. 안타깝게도 다독하는 아이보다 다독하지 않는 아이가 더 많다. 그리고 우리 아이는 '다수'에 포함된다. 그것이 가장 큰 문제다. 다독하지 않는 아이는 대개 책을 끼고 살지 않는다. 그렇다고 해도 엄마는 독서 교육을 포기할 수 없다. 포기해서도 안 된다.

자, 포기하지 않으려고 노력하는 엄마는 어떤 선택을 하게 될까? 좋은 엄마들이 의외로 좋지 않은 선택을 할 때가 있다. 정보도 적당히 알고, 돈을 지불할 의지도 있고, 아이 독서에 욕심이 있는 엄마는 아이를 독서·토론 학원에 보낸다. 그리고 역할을 다했다고 생각하며 학원의 상담 전화를 기다린다. 그런데 학원에 간다고 과연 상황이 해결될까?

좋아 보이는 이 선택에는 위험성이 있다. 독서 학원에서 아이가 가장 먼저 배우는 것이 '독서는 숙제'라는 것이다. 안 읽어가면 혼이 난다. 애써 온 학원에서 쫓겨나 집에 돌아가게 된다. 학원에서 일종의 '거부'를 한 것이다. 거부당한 아이는 좌절감을 느낀다. 좌절의 경험은 아이 정서에 정말 좋지 않다. 책 잘 읽으라고 학원을 보냈는데 돈 내고 거부와 좌절을 배워 올 수 있는 것이다.

학원에서 쫓겨나 기분이 좋지 않은데 선생님은 엄마에게 득달같이 보강 잡으시라 전화를 한다. 집에서 엄마는 도끼눈을 뜨고 아이를 혼낸다. 아이는 '내가 죄인이 된 것은 다 원수 같은 책 탓이다'라는 생각을 하게 된다. 아이가 독서를 좋아할 리 없다. 그런 아이가 언제까지 학원에 다닐까? 독서를 의무로 생각하게 된 아이는 결국 학원을 거부할 것이다. 엄마는 불안을 손쉽게 덜기 위해 학원을 선택하면 안 된다. 학원에서 다 해줄 것이라 기대하고 아이를 학원에 보내지 마시라. 독서 학원은 진정한 독서를 위한 곳이 아니라 어디까지나 습관 다듬기와 학습용이다. 학원에 보내려면 아이에게 적절한 때, 적합한 수준의 학원을 잘 골라야 한다.

그렇다고 그냥 내버려두면 책 안 읽는 아이의 12년 공부 인생이 힘들어진다. 그럼 어떻게 해야 할까? 우선 적게 읽어도 최대한 많이 쌓이는 독서, 그리고 유용한 독서를 해야 한다. 최선이 안 된다면 차선을 선택해야 한다. 다독하지 않는 아이에게는 '골고루 독서'가 차선의 방법이다.

우리 아이가 책벌레가 아니라면 골고루 독서 전략이 효과가 좋다. 읽는 양을 늘리는 것도 좋은 방법이지만 아이가 따라오지 않는다면, 적게 읽어도 효과 만점인 방법을 선택하자. 나는 이것을 빈약한 독서량을 극복하게 해줄 '극복 독서'라고 부른다.

<u>"극복 독서의 핵심은 골고루 읽기다."</u>

그냥 닥치는 대로 골고루가 아니라, 우리 아이에게 필요한 필수 영양소의 책을 골고루 넣어줘야 한다.

아이의 독서는 밥 먹기와 아주 비슷하다. 예를 들어 아이가 이유식을 너무 안 먹는다고 하자. 그렇다고 안 먹게 내버려두나? 안 먹으면 아프고 안 큰다. 엄마 입장에서는 안 먹는 아이를 절대 그냥 둘 수 없다. 아이가 조금 먹더라도 각종 영양분을 골고루 섭취하도록 엄마는 레시피를 연구하게 된다. 여러 재료를 뭉쳐서 주먹밥도 만들고, 채소는 고기 속에 숨겨서 튀기기도 한다.

입이 짧았던 아기는 어린이가 되어서도 편식을 한다. 그러면 아이 입속으로 들어가는 총 영양소가 적다. 그럴 때라면 부모는 어떻게 할까? "이따가 간식 줄 테니 토마토 딱 하나만 먹어봐라" "이거 줄 테니 브로콜리 하나만 먹어라" 하면서 적은 양이라도 다양하게 먹이려고 애쓴다. 조금 먹어도 중요한 영양소를 골고루 섭취하도록 해줘야 아이가 튼튼해진다. 책도 마찬가지다. 적게 읽으면 '골고루'라도 읽도록 만들어줘야 한다. 책을 고르게, 다양하게 섭취하도록 신경 쓰자. 그러면 아이가 중학교에, 고등학교에 들어가서 덜 고생할 수 있다.

책은 다 비슷하다고 여기는 부모가 많다. 그런데 아니다. 책마다 효용과 쓰임, 장점과 단점이 각각 다르다. 그러니까 계획적인 부모라면 집에서 아이가 읽는 혹은 읽을 책을 분석하고 들여다봐야 한다. 우리 아이는 어떤 책을 주로 읽고 있을까? 이 다음에는 어떤 책을 줘야 하는 걸까? 미래를 생각한다면 무슨 책을 읽도록 유도해야 할까? 아래 3가지 독서의 필수 영양소를 점검해보자. 단, 이 점검은 아이가 초등학생, 늦어도 중학생일 때까지만 유효하다. 고등학생 때 점검하려면 늦다. 고등학생들은 읽으라고 해도 듣지 않을 것이고, 읽으려고 해도 읽을 시간이 없을 것이다.

우리 아이 골고루 독서의 필수 영양소

1. 고전 문화를 다루는 책을 읽고 있는가?

2. '할머니 세대'를 배경으로 한 책을 읽고 있는가?

3. '이야기책'과 '지식 책'의 균형이 맞는가?

고전 문화를 다루는 책을 읽고 있는가?

우리 아이들이 앞으로 만나게 될 지식의 세계는 현대에 국한되지 않는다. 아니, 정확히 말하자면 오늘날보다 과거 이야기가 더 많은 비중을 차지한다. 지식은 과거부터 현재까지 차곡차곡 쌓여서 오늘날에 이르렀다. 그렇기 때문에 교과서에서 다루는 것, 다시 말해 우리 아이들이 배울 사회, 경제, 문화, 과학 지식은 대개 '이미 완성된 과거의 것'에 해당한다. 그런데 과거의 것이 완성된 시점에 우리 아이들은 없었다. 아이 세대는 엄마 세대보다 그 과거 시점에서 더 멀리 떨어져 있다. 멀수록 낯선 법이다. 우리 아이 입장에서 그런 과거는 엄마 입장에서 느끼는 것보다 더 어렵게 다가온다.

국어를 보자. 고전 시가, 고전 소설은 요즘 문학 작품과 말투도 다르고 어휘도 다르다. 역사를 보자. 역사는 다 옛날이야기뿐이다. 삼국 시대, 조선 시대는 아이들이 경험하지 못한 세계다. 문명사는 어떤가? 교양의 바탕이 되는 문명사도 다 과거 이야기다. 조선 시대 가옥, 전통문화, 불교, 성리학, 신분제도 등 아이들이 경험하지 못한 세계가 교과서와 지시문과 텍스트로 펼쳐져 있다. 우리 아이들은 그것을 알아야만 하고, 이해해야만 하고, 나아가 문제도 풀어야 한다.

엄마가 아이의 이 낯선 마음을 미리 배려해줄 필요가 있다. 그래서 초등 때는 전래 고전 소설, 다시 말해 옛이야기 책을 읽히는 것이 매우 중요하다. 중학교에 들어갈 때까지 홍길동전을 비롯해 심청전, 춘향전, 임경업전, 박씨전, 전우치전 등 '○○전'을 섭렵할 필요가 있다. 출판사에서 엄선해 출간하는 유명한 '○○전'은 대부분 읽히는 것을 목표로 삼는다. 아이들은 흥미진진한 영웅담에서 즐거움만 얻는 것은 아니다. 아이들은 고전 소설, 옛날이야기를 읽으면서 다음과 같은 이득을 얻을 수 있다.

첫째, 과거 신분제 사회에 대한 이해도를 높일 수 있다. 양반은 무엇이고 노비는 무엇일까? 왕은 무엇이고 고관대작은 무엇일까? 평등 사회에 살고 있는 아이들에게 계급이란 상당히 낯선 개념이다. 아이들은 왕은 알아도 왕족, 귀족, 평민, 상민, 천민, 중인, 노비라는 구분은 잘 모른다. 또 양반, 선비, 사또, 원님, 현감, 지주, 마름, 소작농, 초시, 처사, 판서, 내관, 역관, 세자, 대비, 중궁, 후궁, 상궁, 궁녀, 기생, 유배, 귀양 등의 단어는 낯설어한다. 그것을 알아야 과거 시대에 대한 이해도가 높아진다. 그리고 이것은 이후 역사 상식과 교양이 된다.

둘째, 과거의 문화와 생활상에 대한 이해도를 높일 수 있다. 아이들은 대장간과 장독대를 모른다. 부모가 알고 있다고 해서 아이도 알고 있다고 생각해서는 안 된다. 이를테면 〈팥죽 할멈과 호랑이〉라는 이야기가 있다. 이 이야기를 처음 듣는 아이는 할멈과 호랑이만 안다. 지게, 멍석, 부뚜막 등은 뭐냐고 물어본다. 그것을 하나하나 알려줄 수는 없는 노릇이다. 이야기와 삽화를 통해 머릿속에 스며들도록 해줘야 한다.

또 다른 예를 들어보자. 〈파란 부채 빨간 부채〉라는 이야기에는 망건, 처마, 기와집, 대청마루, 사랑채, 옥황상제 등이 등장한다. 이 단어들을 읽어도 아이들은 감을 잡을 수 없다. "망건이 대체 뭐야?"라고 묻는다. 망건을 제대로 알려면 말총도 알아야 하고, 상투도 알아야 하며, 양반 계급의 존재도 알아야 한다. 망건 하나 설명하려다 해가 넘어간다. 그러니 어려울 수밖에 없다. 게다가 아이들은 망건을 실제로 본 적도 없다. 부모 세대가 알고 있고 익숙한 단어를 아이들은 낯설어한다. 이 차이를 줄여야 과거부터 이어져온 문화에 대한 이해도가 높아진다.

셋째, 고전적 말투와 단어 분위기에 친숙해질 수 있다.

> "짐은 이 사건으로 말미암아 그대들의 진의를 알 수 있었도다. 이 제 그대들을 추궁하지 않을 터이니 기탄없이 용상을 바라보도록 하라."

이런 문장이 있다고 하자. 고전 문화를 다룬 글을 많이 안 읽어본 아이들은 이 문장을 못 읽는다. 어디가 문제일까? 아래의 밑줄 친 단어에서 걸린다.

> "<u>짐</u>은 이 사건으로 <u>말미암아</u> 그대들의 <u>진의</u>를 알 수 있었도다. 이 제 그대들을 <u>추궁</u>하지 않을 <u>터이니</u> <u>기탄없이</u> <u>용상</u>을 바라보도록 하라."

가장 먼저 '짐'에서 막힌다. 요즘 아이들은 '짐'이 미국 사람 Jim 인 줄 안다. 이게 바로 적정 문해력의 차이다. 이 문장의 말투를 보면 '짐'은 왕이 스스로를 지칭하는 1인칭 표현이다. '나'라는 표현과 같다. 그것을 Jim이라는 이름으로 착각해버리면 낭패다. 그런데 중학교에 가도 고전 문화에 익숙하지 않은 아이들이 상당히 많다. 게다가 '말미암아, 진의, 터이니, 기탄없이, 용상' 같은 말도 낯설어

한다. 두 문장에 모르는 단어가 7개면 아이들의 시야는 안개로 가려진 듯 뿌예진다. 한국어 지문이 마치 낯선 외국어 지문인 듯 느껴진다.

그래서 처음에는 전통문화에 바탕을 둔 이야기책, 다음으로는 전통문화에 관련된 지식 책, 실제 역사에 기반을 둔 책 등을 반드시 아이 머리에 넣어줘야 한다. 말투가 요상하다고 느껴서 거부감을 표하더라도 어릴 때 재미있는 전래 동화부터 넣어주면 나중에 아이는 과거의 문명에 대해 이질적인 느낌을 덜 갖게 된다. 고전 독서의 5단계를 소개한다.

고전 문화 친화력을 높이기 위한 5단계

1단계 옛날 이야기책 (각종 전래 동화와 전설)

2단계 옛날 신화 책 (바리데기, 감은장아기, 설문대할망 등)

3단계 옛날 가상 위인전 '○○전' (홍길동전, 임경업전 등)

4단계 역사 동화책 ('이선비' 시리즈 등)

5단계 실제 역사책 ('용선생', '한국사 편지' 시리즈 등)

고전 세계에 대한 친화력이 있는 아이와 없는 아이는 매우 다르다. 실질적으로는 중·고등학교에서 고전 소설, 고전 수필, 고전 시가를 읽을 때 차원이 다르다. "현실이 얼마나 빠르게 바뀌는데, 그깟 고전 안 읽어도 읽을 거 많지 않은가?"라고 물을 수도 있다. 간단히 답변드리겠다. 아이가 고전을 낯설어 하면 결국 손해 본다. 고전은 수능에 반드시 나온다. 내신에도 꼭 나온다. 고전 문제는 비문학 지문 관련 문제 다음으로 많이 틀린다.

어릴 때 읽을 전래 동화 시리즈는 엄청 많다. 웅진씽크빅의 '호롱불 옛이야기', 아람북스의 '요술항아리', 그레이트북스의 '이야기 꽃할망' 등 한국 전래 동화 전집을 들여놓으면 한결 편하다. 물론 여러 출판사의 다른 이야기를 부모가 하나하나 직접 엄선해서 제공해도 좋다. 삽화 많고 재미있는 전래 동화를 미취학 시기부터 초등 저학년까지 충분히 읽힌 다음에 아래의 목록을 추가해준다.

초등 때 읽어두면 좋은 고전 문화·전래 동화 책

- '전통문화 그림책 솔거나라' 시리즈(보림)

  미취학부터 초등 저학년까지. 단군신화부터 12지신, 조왕신, 부뚜막, 항아리, 쪽빛 염색, 한지 등 전통문화에 대한 내용을 고르게 배치했다.

- '국시꼬랭이 동네' 시리즈(사파리)

  미취학부터 초등 저학년까지. 《밤똥 참기》나 《야광귀신》은 정말 재미있다. 《아카시아 파마》나 《쌈닭》처럼 이전 세대 문화를 간접적으로 체험할 수 있다. 단, 《똥떡》은 귀신 그림이 워낙 무서우니 아이에게 먼저 읽어도 괜찮겠냐고 물어본다.

- '우리나라 그림책' 시리즈(봄봄)

미취학부터 초등 저학년까지. 서정오가 소개하는《오늘이》
《삼신할미》를 포함해 시리즈 17권 모두 강력하게 추천한다.

- 《해치와 괴물 사형제》(정하섭, 길벗어린이)

  미취학부터 초등 저학년까지. 그림을 그린 한병호는 탄탄한
  독자층이 있는 작가다. 이 책은 3학년 교과서 수록작이기도 하
  다. 한병호의 그림책 중 시인 이상이 쓴《황소와 도깨비》(다림)
  《도깨비와 범벅 장수》(이상교, 국민서관) 역시 추천한다.

- '옛날 옛적에' 시리즈(국민서관)

  미취학부터 초등 저학년까지. 앞에서 말한《도깨비와 범벅 장
  수》외에 권정생의《훨훨 간다》《신선바위 똥바위》《좁쌀 한 톨
  로 장가가기》등 재미난 책이 많다. 꼭 읽어봐야 할 시리즈다.

- 《호랑이 뱃속에서 고래 잡기》《장승이 너무 추워 덜덜덜》(김용택, 푸른
  숲주니어)

  초등 저학년부터. 삽화 수는 적지만 내용이 재미있는 책이다.
  '김용택 선생님이 들려주는 옛이야기' 시리즈로 이 시리즈에
  실려 있는 이야기는 다 재미있어서 줄글임에도 아이들이 뚝딱
  읽어낼 것이다.

- '이선비' 시리즈(세계로, 미래엔아이세움)

  초등 중학년부터 고학년까지. 전래 동화에 익숙해지고 조선
  사회에 대한 관심이 생기면 읽힌다. 글밥도 정보도 적지 않기
  때문에 선호도 차이가 있을 수 있다.

- '재미만만 우리고전' 시리즈(웅진주니어)

초등 중학년부터 읽힌다. 20권까지 나왔는데 여기에 실린 이야기를 알아두면 중학교 가서 편하다. 《강림도령》 편은 〈신과 함께〉 영화나 웹툰을 같이 보여주면 효과 만점이다.

- ■ '초등교과서 속 고전소설 온작품 읽기' 시리즈(휴머니스트)
  '재미만만 우리고전'과 비교해서 아이에게 더 잘 맞는 것을 고르면 된다. 둘 다 읽혀도 좋다.

'할머니 세대'를 배경으로 한 책을 읽고 있는가?

삼국 시대 문화, 조선 시대 문화 같은 고전 문화만 알아서는 부족하다. 우리 아이들에게는 굳이 가르치지 않으면 모르는 문화가 하나 더 있다. 부모 세대는 알지만 어린 세대는 모르는 것, 부모에게는 가깝지만 아이들에게는 머나먼 문화. 그것은 바로 한국전쟁 전후 1950~1970년대 할머니 세대의 생활상이다.

이때는 여전히 농경문화가 매우 중요하던 시기다. 생각해보자. 우리 민족은 농경 중심 사회로 몇천 년을 살아왔다. 그렇기 때문에 농경문화는 옛날이야기부터 일제강점기 문학까지 우리 문학과 문화에 매우 중요하고 빈번하게 등장하는 중요한 사회 기반이다. 특히나 1950~1970년대까지의 농경문화는 조선 시대 문화상과는 또 다른 면이 있다. 농경문화는 농경문화대로 남아 있는데, 신분제도와 토지제도는 변화했고, 도시에서는 산업화라는 새로운 변화가 시작되었기 때문이다.

아이가 조선 시대에 관련된 책을 읽었으니 농경문화는 잘 알지 않겠느냐고 생각하면 안 된다. 둘은 다르다. 1950년대 이후의 문화상은 조선 시대 문화상과 어느 정도 겹치기도 하지만 다른 점도 많다. 그리고 의외의 사실 하나. 조선 시대까지 다루는 고전 소설에서는 농경문화와 그에 관련된 소재가 큰 역할을 하지 않는다. 고전 소설은 대개 가문과 치정, 갈등과 복수, 전쟁과 극복을 중심 소재로 삼는다.

그런데 1950년대부터의 시기는 반드시 생활상을 중심으로, 직접적인 풍경 중심으로 이해해야 한다. 기성세대인 출제자들은 이 시기를 직간접적으로 경험했기 때문에 현재로 인식하는 경우가 있다. 본인에게 가까운 시기여서 친숙하게 느껴 시험문제로 만들 가능성이 높다는 말이다. 하지만 우리 아이들에게 이 시기는 굉장히 낯선 영역이다. 부모는 이를 먼저 알고 이해해줘야 한다.

1970~1980년대생은 논과 밭이 무엇인지 따로 배우지 않아도 알 수 있었다. 옥수수와 감자는 어디에 심는 것인지, 논두렁이 무엇인지, 물꼬를 튼다는 말이 무슨 뜻인지도 알았다. 하지만 우리 아이들은 '모내기'부터 어렵다. '모'가 뭐냐고 묻고, 모를 심는다는 것을 '쌀을 심는다'라는 뜻으로 오해하곤 한다.

이런 생활상, 구체적인 풍경을 모르는 우리 아이들이 '여름밤의 무논 시끄럽듯 요란스럽다' 같은 구절을 만나면 어리둥절할 수밖에 없다. 여름에도 논에는 물이 고여 있고 온갖 개구리와 맹꽁이가 살고 있어 밤마다 시끄럽게 울어댄다. '여름밤의 무논 같다'는 그만큼 시끄럽고 어수선하다는 뜻이다. 물론 이런 것을 모르고도 잘 살 수 있다. 이것저것 다 따지고 싶지 않다면? '여름밤의 무논'을 싹 삭제하고 '시끄럽다'라고 핵심만 추려서 읽으면 된다. 하지만 이는 제대로 읽는 것이 아니다. 문화에서 정취는 빼고 정보만 남기는 셈이다.

예를 들어보자. 우리는 다음 단어들을 얼마나 이해하고 있을까?

> 보릿고개, 디딜방아, 워낭 소리, 모깃불, 화톳불, 싸리비, 싸리문, 대문간, 다듬이질, 다듬잇돌, 이불 홑청, 창호지, 뒷간, 장대, 지게, 멍석, 원두막, 외양간, 처마, 사랑방, 행랑채, 참외 서리, 모내기, 밭고랑, 밭둑, 이랑, 꼴 베기, 호미질, 괭이, 갈퀴, 키, 체, 갓, 초립, 노자, 부지깽이, 소죽, 댓돌, 품앗이, 쥐불놀이, 강강술래, 동짓날, 부럼 까기, 새끼 꼬기, 미투리, 가마니, 메주, 화로, 화롯불, 시루, 절구, 공이, 맷돌, 뜸, 침, 기우제, 장승, 무당, 서낭당, 굿, 상여, 상엿소리, 곡소리, 조리, 복조리, 키, 키질, 베틀, 북, 타작, 풀무질, 시침질, 풀 쑤기, 부뚜막, 행주치마, 버선코, 경대, 참빗, 동백기름, 한복 고름, 모시, 무명, 삼베, 베짜기, 폭·척·촌·리·되·말(단위)

이것을 우리 부모 세대는 대충이라도 알고 있다. 그러나 아이들은 굳이 설명을 듣거나 일부러 경험하지 않으면 알 수 없다. '부모인 내가 자연스럽게 알고 있으니, 내 자식도 알고 있겠지'라고 생각해서는 안 된다. 세대와 삶의 방식이 다른 우리 아이들은 나이 들어도 이 단어들을 모를 가능성이 크다. 그러므로 아이들에게는 책을 통한 간접경험이 필요하다.

시간상으로 조선 시대보다 가깝게 느껴지기 때문에 소홀하게 되는 사각지대가 바로 이 시기의 문화다. 중등 과정 교과서와 지문에 고루 나오는 시와 소설의 경우 1950~1970년대를 배경으로 한 작품이 많다. 이 시기의 소설책과 문화 관련 책, 한국 근현대사를 다룬 텍스트를 읽어야 할 일이 반드시 생긴다. '골고루 읽기'를 위해서는 이 시대의 지식을 꼭 채워줘야 한다.

책을 추천할 때 주의할 점은 절대로 장편소설 읽기를 강요하지 말라는 것이다. 장편소설 말고 단편소설집부터 읽힌다. 긴 것부터 주면 아이들이 지레 겁먹고 도망간다. 단편소설은 너무 짧은 것 아니냐고 걱정할 필요 없다. 소설가 사이에서 진짜 천재는 단편소설을 보면 알 수 있다는 말이 있다. 단편소설은 분량이 적은 소설이 아니라 압축된 소설, 단면으로 전체를 말하는 고급 문학이다. 그러니 단편소설부터 읽히는 것이 좋다.

책을 제공할 때 또 하나 주의할 점은 절대 '다 읽으라고 강요하지 말라'는 것이다. 단편소설집에는 단편이 적게는 3편에서 많게는 10편 이상도 들어 있다. 책을 사면 '뽕을 뽑아야 한다'는 태도는 엄마의 욕심이다. 아이는 단편집에서 중요한 몇 편만 골라 읽어도 좋다. 그것만 읽어도 어여쁘다 칭찬해야 내일이 있다.

추천 도서는 다음과 같다. 우선 초등학생은 이 책 118쪽의 초등 고전 관련 추천 도서부터 읽는다. 그리고 중학생은 아래의 중학생 근현대 문화 추천 도서를 기본으로 읽어두면 좋다. 목록에는 1950년대 이후 작품뿐 아니라 그 이전 작품까지 포함되어 있는데, 1950년대로 이어지는 우리 문화를 알기에 적절한 작품이어서 추가했다.

중학생 근현대 문화 추천 도서: 단편

- 김동인, 〈광염 소나타〉
  중학생들이 의외로 좋아하는 소설이다. 천재의 광기를 그렸다.

- 김유정, 〈금 따는 콩밭〉 〈봄봄〉 〈동백꽃〉
  김유정 소설은 초등 고학년부터 읽기 좋다. 짧고 재미있는 데다가 '웃프다.' 게다가 중학교 교과서에 바로 등장한다.

- 김승옥, 〈누이를 이해하기 위하여〉 〈서울, 1964년 겨울〉
  굉장히 세련되고 슬픈 소설이다.

- 나도향, 〈벙어리 삼룡이〉
  나도향의 소설에는 은근히 성적 묘사가 있어 사춘기 아이들에게는 〈벙어리 삼룡이〉만 추천한다.

- 손창섭, 〈비 오는 날〉

음울한 분위기가 굉장히 흡입력 있는 작품이다.

- 오정희, 〈중국인 거리〉

  한국전쟁 이후 상황을 확인할 수 있다.

- 윤흥길, 〈장마〉

  한국전쟁이 남긴 상처를 볼 수 있는 중편이다.

- 이태준, 〈패강랭〉 〈복덕방〉

  단편소설의 최강자가 쓴 깔끔한 작품들이다.

- 이효석, 〈메밀꽃 필 무렵〉

  중학교 교과서에서 필수적으로 다루는 작품이다.

- 전광용, 〈꺼삐딴 리〉

  역사 속 극단적인 기회주의자의 모습을 보여주는 비판적 작품
  이다.

- 전영택, 〈화수분〉 〈소〉

  1920년대의 비참한 가난을 보여주는 작품이다.

- 최서해, 〈홍염〉 〈탈출기〉

  극단적인 가난의 참상을 그려낸 작품이다.

- 하근찬, 〈수난이대〉

  역사적 사건이 개인에게 얼마나 큰 영향을 미치는지 알 수 있다.

- 황순원, 〈소나기〉 〈독 짓는 늙은이〉 〈별〉

  필독서이다. 아무리 안 읽는 아이라고 해도 최소한 이것은 읽
  어야 중학교 졸업장이 나온다.

중학생 근현대 문화 추천 도서: 장편

- 권정생, 《몽실언니》
  중학교 1학년 이전에 읽어야 할 책.

- 박완서, 《그 많던 싱아는 누가 다 먹었을까》
  1940~1950년대 한국인의 삶을 파악할 수 있다.

- 성석제, 《황만근은 이렇게 말했다》
  입담이 아주 좋은 현대적 이야기꾼의 소설이다.

- 이동하, 《장난감 도시》
  전쟁 이후의 사회상을 보여준다.

- 이문구, 《관촌수필》
  충남 농촌 지역의 삶과 사람들을 사투리로 형상화했다.

- 조세희, 《난장이가 쏘아올린 작은 공》
  한국 산업화의 비극을 이 책 없이 말할 수 없다.

- 최인훈, 《회색인》
  조금 어려운 책이다. 읽기 어렵다면 《광장》을 추천한다.

목록에는 넣지 않았지만 사실 중등 이후에 읽기 좋은 것은 박경리의 《토지》다. 바로 앞에서 장편을 고집하지 말라고 했는데 《토지》는 워낙 좋은 작품이어서 예외다. 역사, 시대상, 문화, 인물 형상화 방식까지 배울 수 있다. 그러므로 시간과 이해력이 있는 중학생이라면 《토지》에 도전하는 것도 강력하게 추천한다(사실 서울대학교에서도 《토지》를 다 읽었다는 아이는 못 만났다).

장편으로는 《삼국지》(유사 작품으로 《초한지》)도 있는데 요즘 삼국지는 만화로도 잘 나와서 기세가 꺾였다. 장편이지만 읽어두면 좋은 책으로 최명희의 《혼불》, 조정래의 《태백산맥》과 《아리랑》, 박경리의 《토지》를 꼽을 수 있는데 그중 내 아이에게 하나만 추천해준다면 《토지》다. 워낙 좋은 책이라서 중간에 그만두더라도 얻는 바가 상당할 것이다(단, 초등 엄마는 선행하려는 욕심에 《토지》를 사두지 말 것. 완주가 아니라 도전만으로도 큰 의미가 있다).

정리하자면, 하나라도 더 알아야 텍스트 장악력이 커진다. 그러므로 초등 때부터 할머니 세대의 문화를 다룬 책을 읽혀야 한다. 문해력의 많은 부분은 문화적 이해에 기반한다는 사실을 잊지 말자.

'이야기책'과 '지식 책'을 균형 있게 읽고 있는가?

엄마들은 책의 세계를 파악할 필요가 있다. 아이들이 읽는 책은 크게 2가지로 나뉜다. 하나는 이야기책(동화책, 소설책)이고 다른 하나는 지식 책이다. 이야기책은 스토리와 캐릭터, 대사와 행동, 메시지가 중요하고 지식 책은 개념어 습득이 중요하다.

지식 동화, 과학 동화는 솔직히 말해서 동화가 아니다. 원래 동화란 마음과 인생을 배우는 책이다. 지식 동화, 과학 동화는 지식에 스토리와 캐릭터를 입혀 지식을 부드럽게 소화하게 하려고 만든 책이다. 누가 지식 동화를 읽고 감동을 받을까? 감동을 위한 책은 따로 있다. 이야기책이 개개인의 소중한 영혼과 소통, '너와 나'에 집중한 책, 내면을 성장시키는 책이라면 지식 책은 학습을 돕기 위한 책이다. 그러므로 얻을 수 있는 장점도 서로 다르다.

우리 아이들의 '서로 다른 책 세계' 비교

	이야기책	지식 책
중심	• 스토리와 캐릭터 • 대화와 행동이 지닌 의미 파악	• 정의(뜻)와 구조에 대한 설명 • 개념어 파악
목표	• 소통 방법과 작가의 메시지 파악	• 지식 확보와 정보 확장
특징	• 즐길 수 있다 • 지혜로워진다 • 나와 남의 마음을 이해할 수 있다 • 사회성이 강화된다	• 재미는 없다 • 똑똑해진다 • 공동체의 과거와 현재를 파악할 수 있다 • 사회적 지식이 늘어난다
어휘	• 자연스러운 일상 어휘 획득 • 문맥상 의미와 뉘앙스를 알아차리는 힘이 커진다 • 주어와 동사는 간단하고 반복되는 경우가 많다 • 부사와 형용사가 다채롭다	• 일상생활에 쓰이지 않는 문어체 어휘 획득 • 정확한 지식 용어를 아는 힘이 생긴다 • 어려운 명사(들)가 중심이 된다 • 부사, 형용사, 문체는 중요하지 않다 • 한자어, 추상어 기반을 갖추어야 진입이 쉽다

옛말에 마음을 알기 위해서는 시를 읽고, 사회를 알기 위해서는 소설을 읽으라고 했다. 사회를 살아가는 수많은 개인이 저마다 잘 살아보려고 선택한 해법이 바로 소설책이라는 말이다. 소설을 읽는다는 것은 여러 행동 중 무엇을 선택할지 시뮬레이션해보는 것이다. 그래서 우리는 아이들이 다양한 가상 체험을 하도록 해주기 위해 이야기책을 읽혀야 한다.

인생 탐색에 더해 우리 아이들에게는 지식도 필요하다. 그러니까 사회 구조와 문화, 과학 등에 대한 지식 습득이 제도권 학습의 중요한 포인트라는 것이다. 교과서로는 다 배울 수 없는 것이 지식의 세계다. 그것을 미리미리 폭넓게 숙지하게 하기 위해 우리는 아이에게 '지식 책'을 읽힌다.

예를 들어보자. 국제기구, UN, 기후 협정 등은 이제 초등 고학년이라면 상식으로 아는 것들이다. 그런데 이것을 소설을 통해 알 수 있을까? 어른은 신문이나 뉴스를 통해 안다고 해도 아이들은 그러기 쉽지 않다. 공동체, 윤리, 법률, 재판 등 사회 영역의 지식은 어떨까? 생명, 진화, 열에너지, 천체와 우주 등 과학 영역의 지식은 또 어떨까?

아이들은 우리보다 나중에 태어났기 때문에 알아야 하는 것이 부모 세대보다 더 많다. 직전 30년 동안의 누적 지식은 그 이전 100년간 누적된 지식보다 더 많다고들 한다. 우리 아이들은 출발선부터 부모보다 더 다양한 지식을 배워야 할 부담이 있다. 그렇기 때문에 기반 확장, 지식의 판 깔아주기가 더욱 필요하다. 많은 지식을 압축적으로 빠르고 간단하게 이해시키는 과정이 필요하다는 뜻이다. 게임에서는 이를 '튜토리얼'이라고 한다.

튜토리얼에서는 게임마다 필요한 기초 선택지, 세계관, 기반 지식, 키 사용과 진행 방식을 설명해준다. 이것이 필요한 이유는 게임은 그 특성상 경험으로 배우기에는 너무 많은 시간이 걸리기 때문일 것이다. 이와 마찬가지로 아이들이 기본값으로 숙지해야 하는 지식의 양은 상당히 많고 교과과정에서 다루는 범주는 생각보다 넓다. 그러므로 효과적으로 지식을 습득하는 데 필요한 지식 책 섭렵이 상대적으로 중요해졌다. 그렇다고 이야기책을 안 읽혀도 된다는 말이 아니다. 영혼의 성장을 위한 이야기책은 예전에도 지금도 여전히 중요하다. 그러므로 이 2가지를 적절히 혼합해 아이들의 독서 균형을 잡아주는 부모의 전략이 필요하다.

지식 확장이 중점인 '지식 책' 읽는 법

지식 책은 낯선 개념을 다루고 책 자체가 어렵다. 그러므로 부모가 미리 개념을 설명해주고 첫 한 장은 함께 읽어줄 필요가 있다. 그러나 독서 과정에서 자꾸 내용을 물어보고 확인하는 것은 좋지 않다. 부모는 원래 자꾸 조바심이 나는 법이고, 또 책의 본전이라도 찾고 싶으니까 "국제기구가 뭐야? 역할이 뭐야? 한번 말해봐" 하며 아이를 다그치곤 하는데, 그러지 말아야 한다. 나중에 "응? 우리 아들이 국제기구를 다 읽고 있네. 이거 엄마도 아는데, 우리 아들 이제 어른이 다 되었네! 와, 너는 엄마보다 더 잘 아는구나. 엄마가 배워야겠다" 반응하는 것으로 충분하다. 독서는 오늘만 하는 것이 아니다.

1. 철학, 경제, 법, 예술, 과학은 잡고 간다. 나중에 수능 비문학 분야에서 가장 어려운 지문이 이것들이다. 그러므로 철학, 경제, 법, 예술, 과학, 여기에 더해 환경, 지리, 문화 부문 책을 고르게 접하게 한다.
2. '개념어'는 확실히 알아둔다. 지식 책에서는 대개 1~2개의 개념어에 집중한다. 제목과 차례에 가장 자주 등장하는 단어가 바로 개념어. 이 단어의 뜻을 이해하느냐가 지식 책 독서에서 가장 중요하다.
3. 다 읽지 않아도 괜찮다. 책을 통독하는 것이 아니라 핵심 개념어를 이해하는 것이 최종 목표이기 때문이다. 대개 어려운 책이다. 일부분만 소화해도 책값은 한다.
4. 부모의 검색과 설명이 필요하다. 지식 책은 재미없고 어렵기 때문에 아이 혼자 알아서 읽는 것은 무리인 경우가 많다.

스토리 중점인 '이야기책' 읽는 법

이야기책의 경우 처음에는 엄마와 아이가 앉아 조용히 함께 읽는다. 그러다가 엄마는 슬그머니 설거지하러 간다. 이때 연기력이 좀 필요하다. 뒷이야기가 너무너무 궁금한데 엄마는 징글징글한 설거지를 해야만 하니 네가 조금만 더 읽고 설명을 좀 해주면 안 되겠느냐고 부탁한다. 이 '조금만 더'는 계속 이어져 아이가 책을 다 읽을 때까지 끝나지 않는다. 설거지가 끝났는데 아이의 독서가 끝나지 않았다면 징글징글한 냉장고 청소를 시작하고, 징글징글한 싱크대 청소도 시작하고, 반찬 그릇도 정리한다. 아이 자리를 아예 부엌으로 옮기면 더 좋다.

아이가 누가 뭐라 했고, 어떤 일이 있었고 조잘조잘 떠들면 "어머, 진짜?" "와 세상에나, 그래서 어떻게 됐어?" "잠깐만, 이거 이렇게 되는 거 아닐까? 내가 맞혀볼게" 같은 추임새를 넣어준다. 아이가 줄거리를 잘못 말해도 면박을 주거나 티 나게 정정하지는 않는다. 마지막에는 "이거 진짜 재밌는 책이다!"라고 말해준다. 별로 재미없었어도 남이 재미있어하면 '재미있나?'가 '재미있다!'가 된다. 오늘의 책 읽기가 기분을 좋게 만들고 재미있어야 내일의 책 읽기가 존재한다.

1. 글에 대한 '자기 응집력' 향상이 중점인 책이다. 자기 응집력이란 쉽게 말해 책에 푹 빠져 몰두한다는 말이다. 이런 책은 전체를 읽어야 한다. 끝까지 읽고 나서 저자의 의도를 파악하는 것이 최종 목표다. 다 읽은 후 어떤 줄거리인지 요약해서 말할 수 있으면 좋다. 그렇다고 해서 세부 사항을 확인하면서 닦달하면 안 된다. 예를 들어 "영철이 동생이 누구야? 결국 누가 범인이었어?"처럼 세부 정보를 물어보면서 아이가 몰입했는지 감시하면 아이는 도망가고 싶어 한다.

2. 어떤 설정에서 어떤 사건이 일어났는지보다 인물의 의도와 작가가 말하고자 하는 주제가 중요한 요소다. 등장 인물이 어떤 사람인지, 작가는 무엇을 말하고 싶어 하는지 음미하도록 한다.

3. 전체적으로 명사 어휘보다는 흐름 파악, 속독, 묵독 기술을 배울 수 있다. 다채로운 구어체, 수식어도 익힐 수 있다.

4. 부모는 아이의 해석을 들어주는 사람, 동의해주는 사람이면 충분하다.

전자책과 웹 소설은
효과가 있을까?

웹 소설, 읽을까 말까?

카카페(카카오페이지), 기다무(기다리면 무료), 네이버 시리즈, 로판, 재
혼황후. 이런 단어를 들어봤다면 웹 소설계를 좀 아는 것이다. 40대
주부인 내 주변에도 육아 스트레스를 웹 소설을 보면서 푸는 사람
이 제법 많다. 물론 나도 본다. 요즘은 빙의물, 환생물, 던전물이 대
세인데 '빙의했더니 그 세계관에서 가장 잘나가는 헌터/주인공/고
인물이 되었다'는 식의 이야기를 쉽게 찾아볼 수 있다. 현실에서 작
아진 나의 자아 대신 주인공이 성공해주는 이야기는 시원하고 통쾌
하다. 그런데 '아이에게 추천할 것인가?'라고 한다면 쉽지 않다.

결론부터 말하자면 이렇다. 속독 훈련이 목적이라면 부분적으로 허
용, 문해력 상승이 목적이라면 불허(추천하지 않음), 힐링과 재미가 목
적이라면 부분적으로 허용이다.

웹 소설은 대중적 장르 소설이다. 과거 무협 소설과 할리퀸 소설이 웹 소설의 아버지와 어머니쯤 되겠다. 최근에는 웹 소설에 관련된 논문도 나오고 있으니 무시할 바는 못 된다. 그런데 위키피디아가 오픈백과여서 학술 논문에서 환영받지 못하는 출처인 것처럼, 웹 소설은 검증되지 않은 작품이 무분별하게 업로드되는 경우가 많아서 다 좋다고 딱 잘라 말할 수 없다. 과하게 선정적인 소설도 상당하고, 이게 말인가 방귀인가 싶게 개연성이 떨어지는 졸작도 많다.

무협 소설이 유행하던 1970년대에는 무협 소설은 마약과 같아, 이것 때문에 직장인들이 일을 하지 않는다는 비판도 있었다. 그런데 수준 높은 무협 소설은 속독 훈련에 도움을 주었다. 무협 소설에 빠지면? 주인공이 사느냐 죽느냐 기로에 놓였는데 그만 읽을 수가 없다. 눈이 아파도 오래 버티며 읽게 되고, 나중에는 사선 읽기로도 내용을 파악할 수 있게 된다. 문제 풀 시간이 부족한 국어 영역에서 빨리 읽기는 매우 중요한 능력이다. 게다가 재미있는 읽기는 인간에게 행복감을 준다. 집에서 우리 아이는 팬픽을 주로 읽고 쓰는데, 지나치게 많은 시간을 할애하지 않는다면 그냥 두는 편이다. 속독 연습을 위해서, 휴식과 즐거움을 위해서 괜찮은 웹 소설을 읽는 것은 추천하지만 이를 통해 문해력이 고속 성장하리라고 기대하는 것은 좀 무리다.

전자책과 종이 책, 어느 것이 더 나을까?

전자책 출간이 요즘 활발하다. 잘나가는 책은 꼭 이북(e-book)으로도 나온다. 전자책이 처음 나왔을 때 대학생들이 '전자책이 종이 책을 이길 것인가?'라는 주제로 발표를 한 적이 있다. 그때는 전자책의 압도적 승리를 점쳤지만 아직도 종이 책 시장이 더 크다.

책상, 시간, 돈. 이 3가지 다 갖춰져 있다면 종이 책을 선택하지 않을 이유가 없다. 변호사가 소장을 쓸 때, 대학교수가 논문을 쓸 때, 고등학교 선생님이 시험문제를 만들 때, 출판사 편집자가 교정을 볼 때 공통점이 있다. 종이에 인쇄해서 손에 들고 본다는 것이다. 화면에 띄워놓고 눈으로만 보면 놓치는 게 반드시 있다. 완벽을 기하려면, 정밀하게 읽으려면 종이를 손으로 짚어가면서 읽어야 한다. 반대로 말하자면 부분 발췌독의 경우, 휘리릭 빨리 읽는 경우, 내용만 대강 파악하는 경우에는 전자책을 읽을 수도 있다는 말이다.

전자책의 가장 큰 장점은 '언제 어디서든' 읽을 수 있다는 것이다. 나는 스마트폰과 태블릿에 전자책 뷰어를 설치해두고 날마다 본다. 내 주변에 공부하는 사람들도 다 비슷하다. 특히 혼자 식사할 때, 잠깐 짬이 났을 때, 여행을 갈 때 전자책이 몹시 유용하다. 외국에 나갈 때는 아이들과 나의 전자책을 잔뜩 담아서 가지고 간다. 종이 책보다 저렴하고, 배송을 기다릴 필요 없이 바로 볼 수 있고, 부피가 작다. 상황이 좋다면, 책 1권을 집중해서 읽어야 하는 학생이라면 종이 책을 우선 추천하지만 경우에 따라 전자책을 병용할 수 있다.

3

국어 달인의 핵심,
어휘력 키우기

어휘력 키우는 독서의 조건

어휘력을 키우는 데에는 '적정 독서'가 필요하다. 단어를 무턱대고 외워서는 어휘력을 늘릴 수 없다. 영어 단어를 배울 때도 그렇게 공부하지 않는다. 영어 사전을 가져다놓고 처음부터 외우는 것이 가장 무식한 방식이다. 알다시피, 어휘력을 향상시키려면 글을 읽어가면서 문맥으로 어휘를 파악하는 것이 최고다. 이때 사전을 이용하거나 옆에서 쉬운 말로 설명해주면 더 빠르게 아이의 어휘 수준을 높일 수 있다. 그렇다면 어떤 어휘를 어떤 책에서 어떤 방식으로 접하게 해야 할까?

아이의 수준보다 높되, 약간만 높은 책을 준다

내 아이에게 맞는 책 수준은 어느 정도일까? 가장 적절한 것은

'1쪽에 1~3개의 단어를 모를 경우'다. 이것이 우리 아이의 어휘력을 높이기에 딱 좋은 교재다. 좋은 책처럼 보여도 아이가 읽어내지 못한다면 절대로 좋은 책이 아니다. 아이가 10분 이내에 다 읽어버리는 책도 좋은 책이 아니다.

> "내 아이에게 좋은 책은 1쪽에 모르는 단어가
> 1~3개 있는 책이라고 정의하라."

나는 몇 쪽을 읽어도 모르는 단어가 하나도 없다면 그 책이 즐거움을 줄 수는 있어도 어휘력 향상에는 도움이 되지 않는다고 생각한다. 1쪽에 모르는 단어가 5개 미만이라면 아이가 그럭저럭 소화할 수는 있다. 반대의 경우도 있다. 1쪽에 모르는 단어가 10개 정도 있다면 그 책은 무조건 포기해야 한다.

가끔은 예외가 있다. 지명, 고유명사, 전문용어가 빽빽하게 나오는 지리, 과학책 등의 경우다. 이런 책은 재미는커녕 아이도 엄마도 힘들게 읽게 된다. 하지만 학원에서, 학교에서 이 책을 꼭 읽어야 한다고 한다면 시도는 해볼 수 있다. 시도하다가 아이의 스트레스 지수가 높아지고, 시간 낭비라는 생각이 든다면 선생님에게 전화해서 상의해야 한다. 그러니까 어려운 책을 도전할 것인지 여부는 아이의 상황, 그리고 책 1쪽에 실린 글밥의 양으로 결정해야 한다. 독서 생활은 계속 이어진다. 무리할 필요는 없다.

영어 읽기 수준을 높이기 위해 문제집을 푼다고 생각해보자. 중하 수준의 학생은 중하 수준이 아니라 중중 수준의 문제집을 풀어야 한다. 중하 수준의 학생이 중하 수준의 문제를 푼다면 단어 능력 향상은 불가능하고 문제 풀이 기술만 늘어날 것이다. 지문이 조금 어렵되 많이 어렵지는 않아야 한다. 이해는 할 만한데 새로운 단어가 반드시 있어야 한다. 이 수준의 지문이 어휘 확장에 가장 좋다.

예를 들어보자. 짧은 문단 3개로 이루어진 영어 지문을 읽는다고 할 때 모르는 단어가 10개라면 좀 더 쉬운 문제집을 새로 골라야 한다. 해당 지문에서 새로 암기해야 하는 단어가 3~4개 정도라면 그 단어를 암기하면서 계속 읽는 것이 좋다.

텍스트 가운데 모르는 단어의 비중이 너무 크다면 읽으면서 사고 과정이 계속 끊길 수밖에 없다. 아이의 읽기 과정에 부하가 강하게 걸린다는 말이다. 단어를 제대로 소화하지 못하니 읽기가 불가능하고, 고통스럽다. 그러면 조급해하지 말고 그 책은 거둬가고 더 쉬운 책을 준다. 독서는 지속 가능해야 한다.

두꺼운 책이 아니라 얇은 책을 읽는다

어휘력을 빠르게 키우기 위해서는 얇은 책 혹은 윤문된 책(어려운 원전을 쉽게 풀어 쓴 책)을 읽자. 그리고 책은 빌리지 말고 사서, 연필로 표기해가면서 읽는다.

아이들의 집중력에는 한계가 있다. 책이 두껍고 내용이 길 경우 아이들은 한 문단, 한 문단에 깊이 있게 집중하지 않는다. 문단보다는 전체가 중심이 된다. 다시 말해 전체 내용과 흐름을 파악하는 데 상당한 에너지가 소모된다는 뜻이다. 그러면 '낯선 어휘 내 것으로 만들기'는 1순위 목표가 아니게 된다. 어휘 늘리기에 집중하자는 목표가 있다면 두꺼운 책은 추천하지 않는다. 그 대신 문단에 주목할 수 있는 얇은 책을 선택하라.

게다가 어휘력이라는 기본 능력이 부족하다면 어렵고 두꺼운 책을 읽어보았자 큰 소득이 없다. 우선 어휘력을 늘리고 나서 두꺼운 책을 읽는 것이 훨씬 효율적이다. 어휘력을 단시간에 늘리기 위해서는 얇은 책을 집중적으로 공략해서 '정독하기'와 '여러 번 읽기'를 실시해야 한다. 특히 '여러 번 읽기'를 해야 모르는 단어를 충분히 익힐 수 있다.

아이가 읽은 책 목록을 기록하는 엄마들은 '여러 번 읽기'를 소홀히 하는 경향이 있다. 늘어가는 목록을 보면 뿌듯하기 때문에 그렇다. 지난달에는 10권 읽었는데 이번 달에는 1권 읽었다면 엄마는 조급해진다. 그럴 필요가 전혀 없다.

> "아이 입장에서는 1권을 10번 읽어도
> 10권의 책을 읽는 것과 큰 차이가 없다."

나는 오히려 1권을 너덜너덜해질 때까지 읽는 것이 더 좋다고 생각한다.

옛날 옛적에 이런 이야기가 있었다. 한 아이가 《천자문》을 읽기 시작했는데 '하늘 천(天)' 한 글자를 10년 동안 배우고 '땅 지(地)' 한 글자를 또 10년 동안 배웠다. 남들은 《천자문》에 이어 《소학》 《명심보감》 《대학》을 다 뗄 동안 그 두 글자만 배웠는데 20년이 지나니 문리를 깨우쳤다. 권수가 중요하지 않고 내실이 중요하다는 뜻이다. 기본기가 필요하다면 '여러 번 읽기'를 해야 한다. 그래야 어휘가 내 것이 된다. 확실한 내 것만큼 든든한 자산은 없다.

정리해보자. 어휘력을 빠르게 상승시키기 위해서는 아이 수준보다 조금만 더 높은, 다소 얇은 책을 3번 반복해서 읽는다. 여기서 얇은 책이란 아이가 앉아서 '집중적으로 묵독했을 때 30~40분 전후로 다 읽는 책'이다. 읽는 데 1시간이 걸리지 않아야 한다. 하루가 다 지나도 다 못 읽는다면 더 쉬운 책으로 수준을 낮춰야 한다(두꺼운 책이 나쁘다는 말이 아니다. 그것은 그 나름의 효용이 있으나, 지금은 단어 확장에 집중하는 경우만 설명한다).

우리 아이가 정독하고 있는지 아닌지 부모가 판별하기는 쉽지 않다. 한 글자 한 글자 꾹꾹 눌러가면서 읽는 것이 정독이다. 옆에서 재촉하고 감시하지 말자. 그 대신 아이가 자기도 모르게 정독하도록 책에 표시를 하게 한다(도서관 책은 안 된다. 되팔 책도 안 된다). 우선 아이가 읽으면서 모르는 단어에 동그라미를 치도록 한다. 방법은 다음과 같다.

1. 문맥상 무슨 말인지는 알 것 같은데, 확실하지 않은 것은 동그라미 1개,

문맥상 무슨 말인지 도통 이해가 되지 않는 것은 동그라미 2개를 겹쳐서 표기해보라고 한다.

2. 부모는 동그라미 친 단어 옆에 그림을 그리든 설명을 써주든 아이의 눈높이에 맞춰 피드백을 하고 책을 돌려준다. 이 정성은 반드시 실력 향상으로 돌아온다. 실제로 효과적인 방법이다.

3. 아이는 엄마의 설명과 함께 책을 다시 읽는다. 옆에 설명을 붙여줬는데도 여전히 단어의 뜻을 모르겠다고 할 수 있다. 그러면 검색엔진에서 뜻을 찾아 보여주거나, 예문을 찾아 읽어주거나, 사진을 보여준다.

물론 스스로 국어사전과 검색엔진을 활용하면서 단어를 익히면 더 좋겠지만 이러면 시간이 오래 걸린다. 아이들은 바쁘니까 엄마가 써주는 것이 실효성이 가장 크다(나는 주로 '졸라맨' 그림을 활용해 아이가 깔깔 웃으면서 엄마의 설명을 보도록 유도하는 편이다. 효과는 매우 좋았다).

이것이 바로 제대로 된 '여러 번 읽기'다. 아이는 영 모르겠다는데 여러 번 읽기가 좋다고들 하니까 무턱대고 여러 번 읽으라고 하면 효과가 반감된다. "네가 더 생각해봐, 그 단어가 뭔지 정말 몰라?!"라고 소리 지르는 것은 최악의 방법이니 자제한다.

단어를 설명해주는 3가지 방식

첫 번째는 '이미지 각인법'이다. 집중하는 시간이 짧은 아이, 책 읽기를 싫어하는 아이, 활기가 넘쳐 책을 들고 앉아 있을 수 없는 아이에게는 말로 설명하기보다 이미지를 직접 보여주는 것이 훨씬 효과적이다. 글자와 좀처럼 친해지지 않는 아이라면 이미지로라도 의미를 이해하게끔 하자. 이것도 차선책으로는 괜찮다. 모든 말에는 음성(말소리), 표기(문자), 그리고 이미지(개념)가 동반되기 때문이다. 말의 의미를 이미지로 각인시키는 것은 언어 원리적으로도 근거 있는 방법이다.

특히 집중 시간이 짧은 아이에게는 천 마디 말보다 사진 1장, 영상 1분이 더 효과적일 때가 많다. 책을 읽다가 "토네이도가 뭐야?" 하고 묻는다면 유튜브에서 영상을 찾아 보여준다. "쓰나미가 뭐야?" 하고 묻는다면 역시 영상을 찾아 보여준다. "부들이 뭐야?"라고 묻는다면 "지난번 할머니 댁 갔을 때 강가에 키 큰 식물 서 있었잖아"라고 목 아프게 설명하지 말고 바로 이미지를 검색해서 보여준다. 그럼 "아하~"가 빠르게 나올 것이다.

이미지 각인법이 효과적인 단어

실물이 존재하지만 주변에서 쉽게 찾아볼 수 없고 말로도 설명하기 힘든 단어는 이미지를 찾아 보여주는 방식이 좋다.

예 거푸집, 고인돌, 병풍, 갓, H빔, 시체꽃, 기타 고유명사(지명, 건물, 천체, 인물 등)

두 번째, '예문 제시법'이다. 기본적으로 지구나 우주 어딘가에 실제로 존재하는 것을 가리키는 단어는 글자로 그 의미를 써서 설명해준다. 그 효과가 떨어진다면 위와 같이 이미지 각인법으로 접근하면 해결된다. 그런데 말로 설명하기도 애매하고 이미지를 보여주기도 어려운 단어가 의외로 많다. 이 단어들은 대개 문장의 필수 요소는 아니다. 우리 문장의 3대 필수 요소는 주어, 목적어, 동사다. 꾸밈말인 부사, 관형사 등은 필수 요소가 아니고 뉘앙스, 분위기, 정도를 다채롭게 표현하는 역할을 담당한다. 글의 풍성함과 세부 사항, 미묘한 차이를 만들어내는 고급 어휘다. 이런 꾸밈말은 부모 입장에서는 설명하기 참 어렵다.

이런 경우 가장 좋은 방법은 예문을 만들어 뉘앙스를 전달하는 것이다. 아이가 "'새삼스러운' 게 뭐야?" 하고 묻는다면 "너는 알고 있는 말을 왜 또 '새삼스럽게' 묻고 난리야?"라고 대답해준다. 그러고 나서 '새삼스럽다'는 이미 알고 있었던 것 같은데 갑자기 새롭게 느껴지는 듯하다는 의미라고 설명해준다. 물론 한번에 알아듣지 못하는 경우도 많다. 그래도 반복적으로 설명해준다. "'조촐하다'가 뭐야?" 하고 묻는다면 "이것저것 맛있는 반찬이 많지 않고 좀 빈약한 밥상을 '조촐한 밥상'이라고 말해"라고 아이에게 익숙한 상황을 예시로 들어 설명한다.

예문 제시법이 효과적인 단어

실물이 존재하지 않는 경우, 이를테면 부사와 관형사 등은 예문을 만들어서 설명하거나 상황으로 설명하는 것이 효과적이다.

예 새삼스레, 조촐하게, 별안간에, 비로소, 적잖이, 변변히, 넌지시, 정작, 짐짓, 이내, 무색하게, 미심쩍게 등

마지막으로 '유의어 활용법'이다. 보이지 않는 단어에는 부사와 관형사만 있는 것이 아니다. 명사나 형용사도 보이지 않는 경우가 있다. 이런 단어를 '추상어'라고 말한다. 추상어 역시 직접 보여줄 이미지도 마땅치 않고 말로 설명하기에도 까다롭다.

아이가 '근엄'이라든가 '성품' 같은 단어를 물어보면 부모는 설명하기 어렵다. 그나마 '근엄'은 근엄한 리더의 얼굴, 장군이나 대장의 이미지를 찾아 보여줄 수 있다. 다 숙지하지 못해도 어렴풋이 이해는 할 것이다. '성품'은 더 어렵다. 이런 경우에는 비슷한 단어를 제시하는 방식이 적절하다. "성격이랑 비슷한 말인데 좀 더 품위 있는 말이야. 마음 씀씀이, 사람 됨됨이와 비슷한 말이라고 할 수 있어." 이렇게 최대한 비슷한 말을 모아준다.

성품, 인자, 자애, 비옥 같은 단어는 아이가 즐겨 쓰지는 않는, 어른의 세계에 속하는 말들이다. 의미가 아주 많이 압축되어 있는 추상어는 아이가 자신의 어휘 목록에 새롭게 추가해야 할 수밖에 없다. 그런 경우에는 알고 있는 비슷한 단어를 경유해서 이해하기 쉽게 해야 한다.

근접어 활용법이 효과적인 단어

역시 실물이 존재하지 않는 추상적 명사와 형용사는 비슷한 단어를 활용해 설명하는 것이 효과적이다.

예 성품, 근엄, 인자, 자애, 고상, 도덕, 비옥, 고난 등

정리하자면, 아이가 동그라미 친 단어를 어떤 방식으로 설명할지는 엄마가 빠르게 판단해야 한다. 말뜻을 설명하는 일은 엄마의 지식에만 기대지 않아도 된다. 우리에게는 다양한 검색엔진이 있다. 하지만 검색 자체를 아이에게 맡기는 것은 좋지 않다. 인터넷으로 들어가면 아이는 꼭 샛길로 빠지게 마련이기 때문이다.

이렇게 아이가 표시하면서 읽고, 엄마가 단어를 설명하고, 아이가 다시 읽는다. 그러면 두 번째 독서 시간은 첫 번째 독서 시간보다 짧아지고, 이해도는 높아지고, 단어는 머릿속 깊이 들어간다. 단어를 다 익힌 후 최종적으로 책 내용까지 파악하면 그 책은 다 섭취한 것이다.

안 보이는 단어, 추상어와 개념어에 집중하기

이 장은 아이의 긴긴 독서 여정을 함께할 부모님께 정말 중요한 지점이 될 것이다. 조금 노력해도 더 많이 얻을 수 있는 마법, 오래 가기 위해서는 반드시 챙겨야 할 요소가 바로 '안 보이는 단어'다. 미리 말하지만, 부모의 노력이 뒤따라야 한다.

국어의 기본, 명사

차근차근 알아보자. 모든 언어의 기본은 명사다. 명사와 명사를 잇는 것은 조사, 명사의 상태를 알려주는 말은 형용사, 명사가 무엇을 하는지 알려주는 말은 동사다. 명사만 확실히, 많이 알아도 아이의 문해력 수준은 월등히 나아진다. 특히 두 글자로 이루어진 명사가 가장 중요하다. 이것을 익히지 못하면 고급 텍스트로 절대 진입할 수 없다.

여기서 1가지 팁. 아이의 국어 실력 향상에 욕심 있는 부모는 품사 공부를 해둘 필요가 있다. 9품사 모두는 아니더라도 최소한 명사, 동사, 형용사, 관형사, 부사는 꼭 알아두자. 어른 입장에서 이 정도는 금방 외울 수 있다. 그리고 일상생활에서, 아이 독서 지도를 할 때, 단어를 설명할 때, 엄마가 품사를 자주 입에 올리자. "응, 이건 △△하는 동사야" "○○를 뜻하는 형용사야" 하는 식으로 아이가 알건 모르건 자주 말하면 어느새 아이 입에 쏙 들어가 있다.

품사가 아이 귀에 익숙해지면 장기적으로 추가 이득이 있다. 중학교에 들어가면 한국식 내신 영어 공부를 하게 되는데, 바로 이때 한국어 품사 지칭이 반드시 쓰인다. 영어 문법 학원에서는 한국식 9품사 용어를 다 사용한다. 그런데 아이들은 영어는 알아들어도 품사 용어만 나오면 '엥?' 하는 표정을 짓는다. 품사가 다 한자어이기 때문이다. 그래서 강사가 한국어 품사를 설명하는 데 상당한 시간을 들여야 한다. 오죽하면 영어 학원에서 아이들 국어 먼저 공부시켜서 데리고 오라는 말이 나올 정도다. 그런데 9품사를 자연스럽게 알고 있다면? 9품사 중에서 5개라도 가정에서 익숙하게 듣고 써왔다면 어떨까? 국어 문법은 물론이고 영어 문법 접근도 용이해진다.

자, 따로 설명을 찾기 귀찮은 부모들은 여기서 5가지 중요 품사만 기억하자.

1. 명사: 모든 존재의 이름을 말한다

2. 동사: 명사가 어떻게 움직이는지 설명한다

3. 형용사: 명사의 상태가 어떤지 말해준다

4. 관형사: 명사를 꾸며준다

5. 부사: 동사와 형용사를 꾸며준다

꾸며주는 말은 뼈대는 못 되지만 문장의 정확도를 높여주고 자세한 설명을 해준다. 문장의 뼈대는 명사와 동사, 형용사로 이루어진다. 기초적인 9가지 품사 중에서도 부모들이 가장 신경 써야 할 것은 '명사'다. 그 이유는 다음과 같다.

첫째, 아이의 문해력은 명사에서 시작해야 한다. 이 세상은 온갖 실체로 이루어져 있고 그 실체의 모든 이름이 명사이기 때문이다. 시인 김춘수도 그 유명한 시 〈꽃〉에서 이름을 알아야 의미가 생긴다고 말한 바 있다. 문해력도 마찬가지다. 이름을 알아야 의미를 알든, 의미를 붙이든 할 수 있다.

둘째, 명사를 알면 다른 품사들도 쉽게 알 수 있다. 명사는 확장성이 좋다. 활용 가치가 뛰어난 기본기라는 말이다. 명사 하나를 얻으면 여러 단어가 따라온다. 명사 뒤에 '-하다'를 붙이면 동사로 확장할 수 있다(공부+하다, 생각+하다). 명사 뒤에 '-답다' '-하다' '-적이다'를 붙이면 형용사를 만들 수도 있다(인간+답다, 화려+하다). 명사 뒤에 '-다운' '-한' '-적인'을 붙이면 관형사가 되고, '-게' '-하게'를 붙이면 부사를 만들 수 있다(기본+적인, 신속+하게)

셋째, 명사의 기본기가 탄탄해야 수식어가 따라온다. 수식어인 관형사와 부사의 사용은 문장 쓰기의 마지막 단계다. 이것들은 문장의 수준을 높이고 의미를 고급화한다. 명사와 동사만 가지고 글을 쓰는 사람은 없다. 수준 높은 소설과 지문은 대개 관형사와 부사를 맛깔나고 다양하게 활용한다. 그런데 이 수식어를 쓰는 것은 명사라는 기본이 확실하게 잡힌 후의 일이다. 명사 학습이 잘 되어 있지 않으면 쓰기의 고급화는 아예 생각도 할 수 없다는 말이다.

아이에게 단어, 특히 명사의 세계를 확장해주는 것이 중요하다는 것은 다들 공감할 것이다. 이것은 특별히 새로운 이야기가 아니다. 그런데 정말 중요한 것은 이 다음이다. 명사도 다 같은 명사가 아니다. 명사를 활용해 만든 다른 단어들도 다 같은 단어가 아니다. 아이들이 높은 단계의 독서로 나아가려면 반드시 '보이는' 명사에서 '안 보이는' 명사로 어휘의 범위를 확장하는 과정을 거쳐야 한다. 이것을 놓치면 중학교에서 굉장히 힘들어진다.

'보이는' 단어에서 '안 보이는' 단어로 나아가라

아이의 단어 세계는 범위만 확장하는 것이 아니라 그 수준도 높아져야 한다. 그 성장은 보이는 명사에서 출발해서 안 보이는 명사를 다루는 방향으로 나아가야 한다. 그렇다면 대체 보이는 단어는 무엇이고 안 보이는 단어는 무엇일까?

아이들이 한글을 처음 배울 때를 생각해보자. 요즘은 통글자 카드를 많이 활용한다. 그때 등장하는 단어가 보이는 명사다. 명확하고 고정된 이미지와 글자가 일대일로 대응된다. 짐작하겠지만, 보이는 명사는 배우기도 쉽고 활용하기도 쉽다. 예를 들어보자.

사자, 사슴, 사과, 사탕, 사막, 사진기

이런 이미지 카드를 어디선가 본 것 같다. 앞면에는 사자 그림이 그려져 있고 뒷면에는 '사자'라고 크게 쓰여 있다. 이런 단어가 보이는 명사다. 각 글자에는 확실하고 고정된 이미지가 하나씩 연결된다. 사자 그림을 보면 어린아이도 '사자'라고 외칠 수 있다. 나중에는 '사자'라는 글자를 보고 사자 그림을 연상할 수 있다. 누구나 비슷한 이미지를 연상한다. 사자의 특징인 갈기, 황색 털, 날카로운 이빨, 우람한 덩치 같은 것이 그려진다. 이게 바로 '보인다'는 뜻이다. 보이는 명사를 익히는 것은 어렵지 않다. 하나의 이미지에 하나의 의미와 하나의 명사가 딱딱 연결된다. 사슴, 사과, 사탕, 사막, 사진기도 마찬가지다.

어려서는 '보이는 단어'를 충분히 가르쳐주는 것이 가장 중요하다. 가장 좋은 방법은 실물을 놓고 그 단어의 이름을 알려주는 것이다. 진짜 사과를 놓고 '사과'라고 알려준다. 동물원에 데려가 진짜 사자를 보여주면서 '사자'를 알려준다. 이렇게 세상 모든 사물에 이름이 있다는 것을 알게 되면 아이의 지식도 덩달아 늘어난다.

자세히 보면 어린아이의 책 세상, 특히 예쁘고 알록달록한 책은 모두 보이는 단어, 보이는 명사를 중심으로 한다는 것을 알 수 있다. 보이는 명사와 한정된 동사, 형용사가 유아와 아동 책의 핵심이다. 보이는 사물은 세상의 기본 요소다. 그러니까 보이는 단어부터 알아야 한다. 그런데 아이가 보이는 것만 본다면? 초등 고학년이 되어서도, 중학교에서도 보이는 것만 알고 보이지 않는 것은 이해하지 못한다면?

이때 문해력 성장의 정체기가 온다. 보이는 단어 세계에 머무른다면 어른의 세계, 문명과 지성과 지식과 역사의 세계로 넘어가기 힘들다. 그러므로 부모는 신경 써서 보이지 않는 단어를 가르쳐줘야 한다.

같은 '사'로 시작하는 명사여도 다음의 말들은 '사자' 등과는 성격이 다르다.

사기, 사랑, 사명, 사물, 사상, 사연, 사족, 사태, 사후

이것들이 바로 '안 보이는 단어'다. 간단히 말하자면 '추상어'다. 아이가 최종적으로 배워야 하는 단어이기도 하다.

예를 들어보자. '의자'라는 단어는 설명하기도 쉽고 이해하기도 쉽다. 눈앞에 있기 때문이다. 사람이 엉덩이를 대고 앉을 수 있는 사물이 바로 의자다. 그런데 '사물'이라는 말은 어떠한가? '인간 외부에 존재하는 생명체 아닌 물체'를 모두 일러 사물이라고 부른다.

무슨 차이가 있을까? 의자는 우리 눈에 보이고 우리 손가락으로 짚을 수 있다. 그런데 사물은 보이지 않는다. 사물은 의자라는 말보다 '상위개념'이기 때문이다. 인간은 더 많은 대상이나 개체의 공통된 성질을 한꺼번에 지칭하기 위해 상위개념이라는 아이디어를 고안해냈다.

말은 하위개념으로 갈수록 구체화 과정을 거친다. 반대로 상위개념으로 갈수록 추상화 과정을 거친다. 그리고 고급 텍스트에는 추상어가 사용된다. '의자'라는 단어는 어떻게 구체화될까? 예를 들어 식탁 의자, 회전의자, 검정 의자, 고장 난 의자처럼 앞에 단어가 붙으면 점점 더 '구체적' 단어가 된다. 이런 구체적 단어는 설명이 어렵지 않다. 해당 이미지를 찾기도 더 쉽다. 이런 구체화와 반대되는 것을 '(상위)개념화'라고 한다. 개념화되면 단어는 결국 '추상화'되기 마련이다.

의자가 상위개념화되면 어떤 단어가 나올까? '의자는 가구다' '의자는 인공물이다'라고 상위개념화할 수 있다. 가구는 그 실체가 하나로 고정되지 않는다. 실내에서 쓰는 기구가 바로 가구다. 이것과 저것을 다 아우르기 때문에 하나의 이미지로 구체화되지 않는다. 처음이 여기고 끝이 저기라는 명확한 설명이 불가능하다.

의자를 포함해서 책상 같은 가구를 상위개념화하면 '사물'이라는 말이 나온다. 상당히 추상화를 거친 단어다. 그래서 사물은 '안 보이는 단어'다. 안 보이는 단어는 폭이 무척 넓다. 그리고 윤곽이 명확하지 않다. 이런 단어가 우리 아이들에게는 어렵게 느껴진다.

'사물'을 나타내는 이미지 카드가 있을까? 혹은 '사실'이라는 단어의 이미지 카드가 존재할 수 있을까? '사실'을 거짓의 반대라고 설명할 수는 있지만 그 이미지를 보여주기는 어렵다. 이미지가 하나로 고정되어 있지 않기 때문이다. '사명'이라는 말은 또 어떤가? 무슨 일을 운명적으로 반드시 해내야 한다는 각오와 다짐이라는 뜻이다. 이런 내적이고 정신적인 영역을 구체적인 이미지로 그려내기는 힘들다. 그래서 '안 보이는 단어'는 설명하기도 어렵고 이해하기도 어렵다.

그런데 이 안 보이는 단어가 실제로 아이들이 접할 텍스트에 엄청나게 많이 쓰인다. 초등 중학년 대상 텍스트에 등장해서 중등 교과 과정에서 폭발적으로 자주 사용되는 것이다. 그러므로 아이의 텍스트 이해도를 높이기 위해서는 '개념화되어 안 보이는 단어', 즉 '추상어'의 기반을 깔아줘야 한다. 추상어를 제때 배우지 못하면 아이는 중·고등 6년간 고생스럽고 답답할 수밖에 없다.

추상어와 개념어 이해하기

안 보이는 단어란 추상어, 개념어라는 말이다. 추상은 구체의 반대말이다. 구체적인 것은 알기 쉽지만 추상적인 것은 알기 어렵다. 구체적인 것을 싹 다 합쳐서 상위개념화한 것이기 때문이다. 추상은 한 단어에 한 이미지가 대응하지 않으므로 포착하기가 쉽지 않다.

개념은 사람의 머릿속에서 고안되어 나온 것이다. 실제적인 무언가가 만져지거나 보이지 않는다. 자유, 평등, 사랑, 윤리, 정의, 도덕, 인품, 성품, 고결, 장엄, 숭고, 소박 등을 생각해보자. 이것을 가져오라고 하면 어떤 사람도 가져갈 수 없다. 이것을 그리라고 해도 그릴 수 없다. 이는 구체가 아니라 관념이기 때문이다. 관념은 두뇌의 고난도 플레이다. 구체만 알던 사람은 그 플레이에 적응하기 어렵다. 그래서 어려서부터 아이를 조금씩 '안 보이는 단어'에 노출시키고 그 존재를 알려줘야 한다.

추상어와 개념어가 태어난 이유는 구체적인 것을 다 아울러 지칭할 필요가 있었기 때문이다. 추상어와 개념어에는 구체적 단어보다 훨씬 많은 메시지와 의미가 압축되어 있다. 특히 구조, 성격, 방향, 특성, 종합을 논할 때는 압축된 추상어와 개념어를 사용할 수밖에 없다. 텍스트의 수준이 높아질수록 그 비중이 커진다. 그런데 보이는 단어에만 익숙하다면 겉으로 드러나지 않은 사회구조, 인간 내면, 문명의 속성, 경향과 방향을 이해하기 어렵다. 아이들이 보이지 않는 원리와 본질을 파악하는 수준에 도달하려면 추상어와 개념어에 대한 이해가 필수다.

> "어휘라고 해도 다 같은 어휘가 아니다. 국어 달인이 되는 데
> 필요한 결정적 어휘는 추상어와 개념어다."

서울대학교 학생들은 대학 입학 전에 일정 수준 이상의 개념어

와 추상어 이해도를 충족한다. 그들의 리포트를 읽어보면 어휘가 고급스럽다는 공통점이 있다. 리포트의 문장이 어색하기도 하고, 문단 구분이 이상하기도 하고, 내용이 평범하기도 하지만 서울대학교 학생들은 선택하는 단어만큼은 고급스럽다. 이 말은 추상어와 개념어를 알고, 다루고, 적용하는 능력을 갖춘 학생의 비중이 크다는 뜻이다. 이런 아이들은 그다음 단계, 즉 치밀하게 구성하고, 좋은 문장을 쓰고, 의미 있는 문제의식을 담아내는 단계로 나아가기가 수월하다. 그들이 갖추고 있는 고급 어휘 구사력은 일종의 무기요, 무엇이든 만들 수 있는 원자재라는 뜻이다.

서울대학교 학생들이 일부러 고급스러운 어휘 문제만 골라서 풀고, 추상어 어휘 특강을 들어서 그렇게 되었을까? 절대 그렇지 않다. 학생들의 수준 높은 어휘력은 독서 과정에서 자신도 모르게 자연스럽게 길러진 것이다.

그럼 우리 아이는 어떻게 해야 할까? 어렵고 고급스러운 그 세계를 우리 아이는 알지도 못하고 관심도 없다. 고급 어휘력을 아이가 자발적으로 기르기 어렵다면 엄마가 도와줘야 한다. 일종의 '고급 어휘 밑밥 깔아주기'를 일상에서 시도할 필요가 있다. 추상어와 개념어를 하나하나 붙잡고 가르칠 것이 아니라 평소 엄마 입에서 나오는 '엄마의 언어'를 통해 익히게 만드는 것이 최고다.

주변을 보면 엄마가 이중 언어를 쓰는 집 아이는 자연스럽게 이중 언어를 구사하게 된다. 그렇다면 엄마 입에서 추상어와 개념어가 자연스럽게 나온다면 어떨까? 아이는 책에서 그 어휘를 보았을 때 친숙함을 느낄 수 있다. 엄마가 대단한 지식이나 교양을 쌓아야 한다는 뜻이 아니다. 우리가 목표로 하는 추상어와 개념어는 모국어이기에 엄마가 조금만 노력하면 일상 대화에 이를 활용할 수 있다. 다 다룰 것도 없고 한정된 단어의 문만 열어주자. 그렇게 하면 아이에게 추상어와 개념어의 존재와 용례를 알려줄 수 있다.

그러므로 엄마는 공부할 필요가 있다. 아이에게 책 읽으라고 하기 전에 본인이 먼저 읽어야 한다. 나는 내가 읽지 않은 책은 아이에게 권하지 않는다. 아이가 읽어야 하는 책이라면 무슨 수를 써서라도 먼저 읽은 다음에 안 읽은 척한다. 엄마가 먹을 수 없는 것, 먹지 않는 음식을 아이에게 먹이지 않는 것과 같다.

시간 없고 체력 없는 부모를 위해 문명과 문화 영역에서 두루 쓰이는 추상어와 개념어 목록을 이 장 마지막에 정리해놓았다. 엄마에게도 그런 단어들은 어렵다. 그러니 다 알지 못해도 좋다. 그중 가능한 것, 우선 써보고 싶은 단어부터 골라보자. 그 단어가 아이 귀에 들어간다면 우리 아이의 어휘력을 기르는 마중물이 될 것이다.

추상어와 개념어 활용을 위한 팁

추상어와 개념어를 활용할 때는 2가지를 기억하자.

첫 번째, 추상어와 개념어 중 두 글자로 이루어진 단어가 가장 중요하다. 두 글자 단어를 30개만 습득해도 엄마가 쓰는 어휘는 빠르게 고급스러워진다.

　두 번째, 이 '두 글자 한 단어' 뒤에는 '-적(的)'이라는 말과 '-성(性)'이라는 말이 잘 붙는다. 정리하자면 엄마는 두 글자짜리 기본 단어만 사용할 수도 있고, 그 뒤에 '-적'이나 '-성'이라는 말을 붙여 활용할 수도 있다. 활용하면 범위가 훨씬 넓어지므로 하나를 배워 여러 곳에 써먹을 수 있다. 그러니까 적극적으로 활용하시길 바란다.

　추상어와 개념어를 '-적'과 결합하는 것은 매우 영리한 방식이다. 예를 들어 '윤리' 뒤에 '-적'을 붙이면 '윤리적'이라는 말로 확장된다. '윤리적 행동' '윤리적 제도' '윤리적 문제' 등으로 활용할 수 있다. "우리 유찬이가 친구가 버린 쓰레기를 주웠구나. 그건 참 '착한' 행동이야"라는 말은 초등 저학년에게 어울리는 표현이다. 초등 고학년이나 중학생에게라면 "그건 참 '윤리적' 행동이야" "네가 '윤리적' 자세를 갖추고 있다니 엄마는 참 자랑스러워"라고 말해준다. 같은 말도 다르게 표현하는 것이 말 부자 되는 방법이다.

　'-적'이라는 말이 사용하기 좋은 이유는 100%는 아니더라도 어느 정도 비중이 있으면 '-적이다'라고 할 수 있기 때문이다. 다시 말해 '-적'이라는 말은 적용할 수 있는 범주가 퍽 넓다. 엄청나게 낭만적이어도 '낭만적'이라고 할 수 있고, 일부 낭만적이어도 '낭만적'이라고 할 수 있다. 100% 이기적이어도 '이기적'이라고 표현할 수 있고, 상당히 이기적이어도 '이기적'이라고 표현할 수 있다.

겁먹지 말고 표현해보자.

추상어와 개념어 뒤에 '-성'을 붙여 쓰는 경우도 흔하다. '-성'이란 성질, 특성, 성격이라는 뜻이다. 예를 들면 '보편성'이란 '보편이라는 성격/두루 퍼져 있는 공통의 성격'을 의미하고, '자율성'이란 '자율이라는 성격/스스로 법칙을 만들어 지켜나가는 성격'을 의미한다. 쉽게 말해 '-적'은 단어 주변으로 퍼지는 표현이고 반대로 '-성'은 단어를 중심으로 모이는 표현이다. 그래서 '-적'보다 '-성'이 이해하기 더 어렵다. 압축되어 있기 때문이다.

고급 텍스트에서는 '-성'을 붙여 대상이나 현상의 의미를 표현하는 경우가 아주 흔하다. '현대적'이라는 말은 '현대라는 시대의 속성을 어느 정도 지니고 있고 현대사회에서 볼 법한 성격이나 현상'이라는 뜻이다. "이 건축물 참 현대적이다"라고 말한다면 이 건물에는 현대에서나 가능한 특유의 모던한 스타일과 특징이 담겨 있다고 이해할 수 있다. 한편 '현대성'이란 그보다 더 압축적인 의미로 '현대라고 하는 이 시대의 고유한 성격이나 특성'을 의미한다. 성격이라는 것은 눈에 보이지 않는다. 그러니 추상어 중에서도 '-성'이 붙은 단어는 더 추상적이라고 할 수 있다.

두 글자짜리 한 단어 뒤에 '-주의(主義)'가 붙는 경우도 잘 활용해야 한다. '-주의'는 '-적'과 '-성'보다는 드물게 쓰인다. 그런데 이것이 붙은 단어들이 고급 어휘의 최종 보스 격이다. '-주의'라는 것은 경고(caution)가 아니라 주된 의미를 뜻한다. 또는 나 혼자만이 아니라 여럿이 가지고 있는, 혹은 한 시대에 두루 퍼진 경향을 의미한다. 이것은 문명, 사회, 정치, 문화, 예술, 사조, 경영, 유행을 배울 때 핵심 역할을 하는 압축어이기 때문에 중요하다.

예를 들어보자. 추상어 중 '회의(懷疑)'라는 단어가 있다. '모둠 회의'의 회의(會議)가 아니라 의심이나 의혹을 품는다는 말이다. 너무 어려운 의미여서 아이에게 알려주는 것이 불가능하다고 생각할 수도 있다. 아니, 가능하다. 개인적인 이야기지만, 아이가 초등학생일 때부터 엄마가 반복적으로 사용했더니 이제 우리 집 아이들은 회의를 일상 어휘로 받아들인다.

사용 방법은 어렵지 않다. "나는 저녁때 삼겹살 먹자는 아빠 의견에 좀 '회의적'이다. 너희는 어때?" 이렇게 말하면 된다. 쉽게 말해 '난 그거 반댈세'라는 뜻이다. 처음에는 아이들이 못 알아듣는다. 그런데 맥락상, 표정상, 분위기상 'NO'라는 의미를 읽어낸다. 처음에는 추측, 나중에는 확신을 거쳐 '회의'라는 새 단어는 아이의 것이 된다.

뒤에 '-주의자'를 붙이면 '회의주의자'라는 말이 된다. 매사 부정적이고 의심하고 반대하는 사람을 의미하는 말이다. 사춘기 딸과 맞붙을 때 딸이 나에게 "엄마는 회의주의자야? 왜 맨날 내가 하는 건 사사건건 반대야?"라고 말한 적이 있다. 속으로 '참 말 잘한다' 싶었다. 기특한 응용이다.

그럼 학교에서 아이들이 '회의'라는 단어를 만난다면 어떨까? 버벅대지 않고 쓱 지나갈 수 있다. 중학교에서는 '회의적이다' '회의주의' 같은 말은 어려운 축에도 안 낀다. 예를 들어보자. "나의 지식이 독한 회의를 구하지 못하고"로 시작하는 시가 있다. 청마 유치환의 〈생명의 서〉다. 이 시는 중·고등학교 문제집에서 지문으로 자주 등장하는 작품이다. 여기서 '회의'를 학급 회의로 이해한다면? 낭패다. 이와 반대로 내가 원래 쓰던 단어이니 자연스럽게 이해한다면? 그만큼 아이의 에너지는 절약될 것이다.

'너는 서울대학교 교수니까 어려운 단어를 알고 있겠지. 그런데 다른 사람들에게는 이게 쉽겠니?' 생각하는 부모가 있으리라 본다. 맞다. 나는 이미 추상어를 알고 있기 때문에 적용하고 활용하는 노력만 들이면 된다. 그런데 예전에 이런 엄마가 있었다. 본인이 전공하지 않은 외국어를 밤에 공부하고, 이미지 카드를 만들고, 발음을 익혀서 아이에게 '엄마표 학습'을 했다. 그리고 아이는 그것을 꼴딱꼴딱 잘도 받아먹었다. 이런 노력에 비하면 우리의 언어 교육 방식은 너무 쉽지 않은가?

알아야만 고급 단어를 쓸 수 있는 것은 아니다. 하루에 한 단어씩, 지식 백과를 찾아 대강의 의미를 알아보고 기회가 있을 때마다 대화에 끼워넣자. 거창한 설명을 하라는 말이 아니라 그 단어의 존재를 알려주자는 것이다.

두루 쓰이는 추상어와 개념어: 문화와 문명

경향, 경험/경험적/경험론/경험주의, 개별/개별성, 개연/개연성, 객관/객관적/객관성, 고대/고대적, 고귀, 고립, 고상, 고유/고유성, 공감, 국회, 관념/관념적, 규범/규범적, 근대/근대적/근대성, 근로/근로자, 근면

나태, 논리/논리적/논리주의, 농경/농경 사회

달변, 도덕/도덕적/도덕성, 동정, 대립

문명, 문제적, 미학/미학적, 민주/민주적/민주주의

박애/박애주의, 방만, 법률, 법안, 병합, 보편/보편성, 복고/복고주의, 분열/분열적

사법/사법기관, 사상/사상적, 사유, 사회/사회적/사회성/사회주의, 상대/상대적/상대성, 선사, 성품, 성향, 세계관, 숭고, 숭상

안정/안정적, 역사, 연민, 연합, 우수, 우아, 우호/우호적, 유물, 유적, 윤리/윤리적, 의회, 이기적/이기주의, 이주, 이타적/이타주의, 인과/인과성, 인류, 인품, 입법/입법기관

자립, 자본/자본주의, 자아, 자애, 자유/자유주의, 자율/자율적/자율성, 적대/적대적, 전통/전통적/전통성, 절대/절대적/절대성, 정의, 정착, 정치/정치적, 정통성, 제도/제도적, 종교/종교적, 주관/주관적/주관성, 주체/주체적/주체성, 중세/중세적, 집단/집단적

차별/차별성, 찬미, 천박, 추론, 추측, 추모

타격, 타성/타성적, 타진, 타율/타율적/타율성, 타의, 타인, 탐욕, 통합, 특수/특수성

평균, 평등, 평정, 평화/평화적/평화주의자, 풍수, 풍물, 표상
합리/합리적/합리성/합리주의, 현대/현대적/현대성, 행정/행정기
관, 확립, 환희, 회의/회의적/회의주의

단어 바꿔치기하기

이것은 새로운 이야기는 아니다. 어휘력을 키우려면 '유의어', 다시 말해 특정 단어와 비슷한 말을 자꾸 익혀야 한다. 또 제시된 단어의 '반의어'를 찾으려고 노력해야 한다. 지금까지 나온 문해력 책에서 수도 없이 강조한 내용이다. 하나의 단어가 비슷한 말을 찾아 옆으로, 반대말을 찾아 역으로 확장되어야 단어 카드가 늘어난다.

　유의어와 반의어 다 필요한 단어다. 그런데 비교하자면 반의어가 초급반, 유의어가 고급반이다. 반의어는 일상에서 용례가 적고, 반대되는 단어끼리 붙여놓으면 분명하게 구분이 된다. 그런데 유의어는 미묘하고 종류도 많다. 비슷한 말을 죽 붙여놓으면 아주 미세한 차이를 보인다. 유의어는 '비슷하구나' 하고 모으는 수준에서 시작해 약간 다른 분위기까지 감지하는 수준을 목표로 하면 좋다.

　문제는 유의어와 반의어를 어떻게 모으냐 하는 것이다. 그래서 실천 팁을 하나 더 붙이자면, 우리 모국어의 세계는 방대해서 문제집을 붙들고 유의어, 반의어를 따로 공부하기 참 어렵다. 그 양이 엄청나게 많아서 암기로는 감당할 수 없다. 그러니까 일상에서 익혀야 한다. 추상어와 개념어처럼 유의어와 반의어 역시 일상에서 습득하는 것이 가장 빠르고 자연스러운 방법이다.

예를 들어 엄마가 "현우야, 마트에서 요즘 참외를 '싼값'에 판대" 라고 말하고 바로 이어서 "완전 '헐값'에 살 수 있다니 이익이지" 라고 하는 식이다. 아이들은 싼값은 아는데 헐값은 모른다. 그런데 이어 말하는 중에 싼값 자리에 헐값을 바꿔치기하면 직감적으로 알게 된다. '아, 그 말이 그 말이구나.' 예시는 무궁무진하다.

> "엄마는 정말 감동했다. 감격스러워."
> "너 이제까지 모은 돈이 얼마야? 네 자산 좀 확인해봐."
> "나는 너무 걱정스러워. 근심이 깊다. 우리 집에 우환은 없어야 하는데."
> "땅이 넓어서 시원하네. 자, 너도 이 넓은 대지의 기운을 느껴봐."

여기서 아이들은 감동은 알고 감격은 모른다. 돈은 알고 자산은 모른다. 걱정, 근심은 아는데 우환은 모른다. 땅은 아는데 대지는 모른다. 단어를 바꿔치기하면 우리 아이들은 새로운 단어를 꼭 집어 "그게 뭐야? 같은 뜻이야?"라고 묻기도 했다. 묻지 않는다면 "이 단어와 이 단어는 비슷해. 감동과 감격, 말도 비슷하지?"라고 엄마가 아이 귀에 흘려 넣어준다. 아이는 이 과정을 통해 섬세한 언어 감각을 발전시킬 수 있다.

　말의 감각이라는 것은 엄청나게 중요하다. 아이를 키우다 보면 언어 감각을 타고난 아이가 있다. 그런 아이들은 감으로 언어를 이해한다. 하나를 알려주면 2~3개는 추리해서 이해한다. 언어 감각 없는 아이가 언어 감각 좋은 아이를 따라잡기가 쉽지 않다. 그러나 못할 것도 없다. 천재는 노력하는 사람을 이길 수 없다. 몇 년에 걸쳐 비슷한 말, 근사치의 말, 대체어, 친족 단어, 연상 가능한 말을 가지고 아이의 단어를 확장해주자. '분명히 아는 한 단어'가 '알 것 같은 여러 개의 단어' '들어본 여러 개의 단어'로 뻗어나간다. 그 과정에서 아이의 언어 감각은 후천적으로 발달할 수 있다.

　처음에는 '우리 아이는 왜 하나도 모르나? 이거 밑 빠진 독에 물 붓기 아냐? 내가 이렇게 일상의 순간순간까지 노력해야만 하나…' 하는 생각이 들 수 있다. 그런데 믿어야 한다. 엄마가 먼저 말놀이, 단어 바꾸기, 단어 설명을 하다 보면 아이가 질문하는 순간이 찾아온다. "엄마, 그럼 이건 이런 뜻 아냐?"라고. 그러니 늘 단어에 관심을 가지고 흥미를 보이자. 아이는 부모의 태도를 저도 모르게 닮는다.

상징과 은유 활용하기

혼자 책 읽는 아이는 지켜봐주고, 독서 습관이 잘 잡히지 않은 아이는 도와주자. 책을 너무 적게 읽거나 책 읽는 시간이 부족한 경우, 어휘력 상승이 절실하거나 책 수준을 높일 수 없는 경우에는 일상의 대화 시간을 활용하자. 엄마 입에서 추상어와 개념어, 유의어와 반의어가 자주 나오면 아이의 언어 세계는 더 넓어진다. 그런데 단어의 양만 늘릴 것이 아니라 그 질도 반드시 높여야 한다.

모국어는 암기의 대상이 아니다. 암기를 안 해도 된다는 게 아니라 암기로 철자에 익숙해지고 기본 의미를 이해하는 데 어려움이 없는 것만으로는 부족하다는 말이다. 모국어는 생각을 담아내는 그릇이기 때문에 사용자의 사고의 색, 경향, 분위기, 관계를 반영한다. 사전적 의미 말고도 깊은 생각을 담아야 모국어의 질이 높아진다.

앞서 여러 번 강조했지만, 단어라고 다 같은 단어가 아니다. 비슷한 말이어도 고풍스러운 단어가 있고 일상적인 단어가 있다. 우리 아이는 일상 어휘에서 출발해 고급 어휘로 나아가야 한다. 이때 가장 깊은 의미, 가장 넓은 의미, 가장 풍부하고 복합적인 의미는 바로 '상징과 은유'의 단어에 담긴다. 그러므로 책을 잘 읽는 아이를 둔 부모건, 책을 안 읽는 아이를 둔 부모건 다음에 제시하는 방법은 꼭 실천했으면 좋겠다. 그것은 바로 '상징과 은유'라는 단어에 노출하기, '상징과 은유' 떠올리는 버릇 기르기다.

'상징' 마스터하기

독서 수준을 높일 때는 보이는 단어보다 안 보이는 단어(개념어와 추상어)가 더 중요하다고 언급했다. 마찬가지로 단어의 '보이는 의미'보다 '안 보이는 의미'가 더 중요하다. 안 보이는 의미까지 보는 눈이 열려야 아이가 나중에 고급 텍스트를 장악할 수 있다. 그래서 단어의 안 보이는 의미, 숨겨진 의미, 즉 '상징'과 '은유'를 알아야 한다.

> "정민아, 저기 비둘기가 있네. 옛날에 비둘기는 평화의 상징이었거든. 그런데 지금 비둘기는 영 아니다. 평화의 상징이라서 많이 날려보낸 건데 이젠 더러움의 상징이 돼버렸어. 우리 피해 가자."
> "서준아, 엄마가 많이 사랑해. 하트를 그려줄게. 하트 표시는 엄마

심장의 상징이고, 사랑의 상징이래. 그러니까 우리 여기에 빨간색으로 칠해볼까? 서준이는 분홍색이 좋아?"

"와, 책에서 고양이가 고릴라한테 장미를 주네. 꽃은 좋아하는 사람에게 주는 거니까 장미는 좋아한다는 마음의 상징이겠네. 엄마도 민우한테 장미꽃 받고 싶다."

우선 부모는 아이와 대화하면서 '상징'이라는 말을 자주 입에 올릴 필요가 있다. 위 예문들은 엄마 입에서 중얼중얼 나올 수 있는 수준이다. 특별히 어려운 이야기를 하는 것이 아니라 엄마가 알고 있는 사실을 섞어서 말해주는 것이다. 그런데 이때 '상징'이라는 단어가 들어가면, 그리고 그게 반복되어 상징을 생각하는 것이 아이의 습관이 되고 익숙한 일이 되면 그 효과는 무시하지 못한다.

상징 생각하기에는 대체 무슨 의미가 있을까? 이는 일종의 '해석'이고 의도 파악이다. 비둘기는 조류의 일종이라고 배우는 것은 일차적 이해다. 그것을 사랑의 상징, 더러움의 상징이라고 하는 것은 심층적 이해다. '눈앞 사물이 보이는 그대로의 의미만 지니고 있는 것은 아니네, 그 안에 숨겨진 의미가 더 있네, 그 의미를 아는 것은 참 재미있구나.' 상징이라는 단어를 입에 올리면 아이는 이런 생각을 할 수 있다. 이것이 공부에서, 독서와 독해에서, 나아가 세상살이에서 얼마나 중요한 역할을 하는지 모른다(상징을 더 깊이 공부하고 싶은 부모, 학구적이고 의욕이 있는 부모에게는 진 쿠퍼가 쓰고 이윤기가 번역한《그림으로 보는 세계문화 상징 사전》을 추천한다).

상징은 잘 모르겠다는 분을 위해 '4원소를 중시하라'라는 팁을 주고 싶다. 4원소는 아이에게 꼭, 은연중에 넣어주셨으면 좋겠다. 아이에게 좋은 배경지식이 될 것이다. 학계에서 상징을 공부할 때 가장 기본적으로 보는 책이 가스통 바슐라르라는 상상력 전문가의 책이다. 그가 주목한 것이 바로 4원소다. 물, 불, 공기(대기), 흙(대지)을 기반으로 한 상상은 어느 나라, 어느 문명, 어느 문화에서든 기본이 된다.

'물' 하면 바다가 생각난다. 바다는 생명의 상징이다. 그래서 푸른색 역시 생명의 상징처럼 쓰인다. 물을 관장하는 동양의 신이 청룡인 것도 일맥상통한다. 또 바다는 모성과 어머니의 상징이기도 하다. 바다에서 생명이 태어났으니 인류의 자궁이며 기원이라고도 한다. 다음으로 바닥을 알 수 없는 깊이와 익사의 위험성 때문에 바다는 죽음을 상징하기도 한다.

'불'은 열정이면서 생명력이고 에너지다. 형태로는 심장이며 태양으로 상징된다. 타오르다 꺼지는 모습으로 목숨의 상징이 될 수 있으며, 모든 것을 태워버리기 때문에 파괴의 상징이 될 수도 있다. 피닉스라는 불새를 통해 부활의 상징이 되기도 한다.

한편 '공기'는 꿈의 상징이며, 비상과 새와 날개의 상징이기도 하다. 하늘에서 온 것이니 신, 순결, 순수, 경건함, 신성함과 관련되어 있다. 그래서 공기는 푸른색이나 흰색으로 상징되며 수평이 아니라 수직적인 이미지를 지니고 있다.

마지막으로 '흙'은 문명, 농경, 식물, 경작 등 가장 인간적인 것들을 상징한다. 씨뿌리기와 열매 맺기, 추수와 정착 생활, 집의 상징이기도 하다.

깊이 파고들면 이야기가 길어지지만 대강의 구조는 이렇다. 이 4원소는 텍스트에 암암리에 전제된 경우가 많다.

엄마표 이야기의 힘

상징이라는 말을 일상에서 쓰기 어렵다면 더 쉽고 재미난 방법도 있다. 엄마가 구수한 입담으로 신화와 전설, 동화와 민담을 들려주는 것이다. 신화, 전설, 전래 동화에는 상징이 잔뜩 들어 있다. 자동차를 타고 이동하는 중에, 아이를 재우려고 토닥거릴 때 이런 이야기를 해주자. 입에서 입으로 오래 전해져온 이야기, 민족의 문화를 듬뿍 함축한 이야기는 확실히 에너지가 남다르다. 아이의 상상 세계에 그 에너지가 다 흡수된다고 생각해보자. 거대한 에너지를 아이들이 재미있고 행복하게 꿀꺽꿀꺽 받아먹을 수 있는데 안 할 이유가 없다.

상상력만 향상되는 것이 아니다. 재미로 엄마 이야기 하나 들었을 뿐인데, 아이의 배경지식이 자연스럽게 넓어진다. 상징이라는 고차원적 세계로 본인도 모르게 진입할 수 있다. 이때 재료가 되는 재미나고 쉬운 이야기 목록은 다음과 같다.

아이에게 들려주면 좋은 이야기

- 이솝 우화

  양치기 소년, 개미와 베짱이, 사자와 쥐, 북풍과 태양, 시골 쥐
  와 서울 쥐 등

- 성경

  아담과 이브의 탄생, 선악과 이야기, 모세 이야기, 노아의 방
  주, 다윗과 골리앗, 삼손과 데릴라, 고래에게 잡아먹힌 요나, 예
  수 탄생과 크리스마스, 예수의 부활 이야기 등

- 불교

  연꽃과 이심전심, 마야 부인과 아기 부처님 탄생, 왕자가 출가
  해 부처가 된 이야기

- 삼국유사

  단군왕검, 고주몽, 연오랑과 세오녀, 박혁거세, 김수로, 선덕여
  왕, 문희와 김춘추, 임금님 귀는 당나귀 귀, 서동요와 선화공
  주, 만파식적 등

- 중국 신화

  여와의 창조 신화, 명궁 예와 10개의 태양, 항아와 달 등

- 북유럽 동화

  토펠리우스의 별의 눈동자/자작나무와 별, 안데르센의 많은
  동화

- 그리스 로마 신화

헤라클레스의 모험, 황금 사과, 테세우스와 미궁, 불을 훔친 프로메테우스, 하데스와 페르세포네, 오디세우스의 모험, 오르페우스 이야기 등

■ 기타
심청전, 흥부전 등 고전 소설, 연이와 버들 도령, 은혜 갚은 까치 등 전래 동화

이 외에도 전래 동화 모음집, 그림 형제 동화집 등도 좋다. 엄마가 어려서 접한 〈피노키오〉 〈피터팬〉 〈이상한 나라의 앨리스〉 〈신드바드의 모험〉과 같은 디즈니 고전 애니메이션도 이야기 대상이 된다.

방법은 이렇다. 위 이야기들을 찾아 엄마 혼자 읽고 줄거리를 기억한다. 인터넷 서점에서 책을 하나 정해서 차례를 보고 이야기를 선택해도 좋다. 책을 사기 부담스럽다면 블로그 등을 통해 내용을 파악해도 된다. 그리고 아이 곁에서 "심심해? 잠이 안 와? 그럼 엄마가 재미난 이야기 하나 해주지" 하면서 읽었던 이야기를 할머니가 옛날이야기를 들려주듯 구수하게 해준다. 아이가 다음 이야기 더 없냐고 졸라대면 엄마는 이야기를 더 많이 검색해서 다시 이야기보따리를 풀어준다. 뉴턴이 사과로 중력을 발견한 이야기, 플레밍이 페니실린을 우연히 발견한 이야기, 샌드위치 백작의 샌드위치 이야기 등도 좋다.

이런 이야기를 많이 들은 아이들은 상상력이 풍부해지고 상징을 쉽게 받아들일 수 있다. 나중에 뭔가 읽을 때 '자세히는 몰라도 어디선가 이미 들었는데' 이런 생각이 든다. 이것을 우리는 '잡식이 많다' '잡학다식하다'라고 말한다. 《지대넓얕》의 유행이나 〈알쓸신잡〉의 열풍이 괜히 있는 것이 아니다. 요즘 공부에서는 '어디선가 들어봤는데' 싶은 잡학이 매우 유익하게 쓰인다.

'은유' 마스터하기

상징 다음으로 강조할 '은유'는 더 쉽다. 상징은 미리 정해진 감이 있는데 은유는 더 마음대로 대상을 붙일 수 있다. 은유를 한마디로 표현하자면 '관계 찾아내기'다. 여기서 관계는 낯익은 관계일 수도 있고 낯선 관계일 수도 있다. 일상에서는 대개 낯익은 은유를 쓰고, 문학에서는 대개 낯선 은유를 쓴다. 예를 들어 '내 마음은 호수다'라는 것이 은유다. '우리 엄마는 우산이에요. 어디서나 나를 보호해주니까요' 같은 것도 은유다. 다시 말해 공통점을 전제로 두고 '내 마음 = 호수'라는 '관계'를 드러내는 것이다.

어떤 왕을 '사자'라고 부른다고 치자. 이런 별명도 은유다. 왕은 인간이지 사자가 아니다. 그런데 사자라는 말에는 '전쟁을 많이 한다, 전쟁에서 이긴다, 그 지역에서 용맹하기로는 일등이다' 같은 뜻이 있다. 은유에는 관계성, 의미, 해석이 담긴다.

그래서 어린아이에게 동시 읽기를 추천하는 것이다. 동시를 읽으면 아이의 정서적 표현력이 향상된다. 자기도 정확하게는 몰랐던 감정과 생각이 동시에서 비슷한 것을 읽게 되면서 분명해진다. 또 동시를 읽으면 표현력이 좋아진다. 주어와 동사는 비교적 간단하지만 동시에는 퐁당퐁당, 깡충깡충, 출렁출렁 등 의태어와 의성어가 많이 나와서 초기 언어감 형성에 유익한 영향을 준다.

그리고 동시는 비유의 비중이 크기 때문에 좋다. 보이지 않는 감정을 보이는 것과 연결하는 은유, 눈앞의 사물을 눈앞에 있지 않은 사물과 연결하는 은유, 비슷하다고 생각하지 않았던 것을 새롭게 찾아내는 창의성을 동시에서 경험할 수 있다.

상징과 은유의 구체적 내용을 아이에게 주입하라는 이야기가 아니다. '상징이라는 사고 체계가 있구나. 이것을 이렇게도 보는구나. 뭔가 또 다른 것이 있구나' '은유라고 하는 관계 찾아내기가 있구나. 그것을 통해 나는 말과 글을 더 풍부하게 표현할 수 있고, 남들도 그렇게 풍성하게 표현해왔구나' 하는 것을 아이가 느끼고, 그 방식에 익숙해지도록 하는 것이 가장 중요하다. 하나의 단어에 단 하나의 의미만 있는 것은 아니다. 단어 하나를 보고 다양한 것을 연상해낼 수 있고, 거기에 쓰인 글자를 보고 그 단어가 어떤 맥락에서 쓰였는지 파악할 수 있다면 아이의 사고력은 빠르게 성장할 것이다.

동시는 언제 어떻게
접하게 할까?

초등 저학년 시기에는 무조건 좋은 동시집 2~3권은 읽어야 한다. 아이들은 줄글 형식의 산문, 이야기만 읽었기 때문에 동시가 무엇인지 가르쳐주지 않으면 아예 모른다. 초등 2학년 전후로 학교에서는 '동시'란 무엇인지 알려주고 직접 써보게 한다. 3학년 공개 수업에서 가장 단골로 등장하는 주제는 단연 '동시 쓰기'다. 아이들이 선생님과 미리 써본 동시를 앞에 나가 발표하면 아이들의 심성, 생각, 발표력, 표현력 등을 확인할 수 있다. 동시를 읽으면 다음과 같은 이점이 있다.

공감 능력 기르기

아이들은 동시를 읽을 때 또래 입장에서 쓰인 글이라는 생각에 친숙함을 느낄 수 있다. 유치원 때 아이들은 자기 마음을 파악하고 다른 이의 마음을 이해하기 위해 '마음 동화' 시리즈를 많이 읽는데 동시도 비슷한 효과를 준다. 나와 비슷한 생각을 하는 사람이 있구나, 나는 이럴 때 이랬는데 저 아이는 저렇구나 하면서 공감 능력을 키울 수 있다. 공감 능력이란 어마어마한 재능이다. 어렸을 때 충분히 성장시켜야 한다. 동시집이 그 양분이 될 수 있다.

언어 감각 기르기

동시에는 아름다운 의성어, 의태어, 부사, 형용사가 찰랑찰랑 담겨 있다. 짧은 몇 문장에 언어의 맛과 멋이 가득 담겨 있는 것이 시다. 아이들은 맛깔난 언어의 표현, 은유적 표현을 자신도 모르는 사이에 배우게 될 것이다.

시 미리 맛보기

아이들이 어려서는 동시를 싫어하지 않았는데 중학생이 되면 시(현대 시와 고전 시가)를 몹시 싫어하는 경우가 많다. 시가 즐길거리가 아니고 문제 풀이 대상이라고 생각하기 때문이다. 중학교에 가서 시를 처음 접하게 되면 이런 경향이 더 커진다. 그러므로 그전에 동시를 자주 접할 필요가 있다. 시를 읽을 때 엄마와 자신이 행복했다는 기억을 심어줘야 한다. 그래야 아이가 시를 반가워하는 수험생이 될 수 있다.

그럼 무엇을 읽힐까?

초등 저학년 추천 시집

- **《몽당연필도 주소가 있다》**(신현득, 문학동네)

  이 중에서 글밥이 가장 많아서 이미 동시집을 읽어본 아이에게 추천한다.

- **《박성우 시인의 끝말잇기 동시집》**(박성우, 비룡소)

  아이들이 좋아하는 끝말잇기를 활용한 동시집이다. 짧고 간결하고 위트가 있다.

- **《쉬는 시간에 똥 싸기 싫어》**(김개미, 토토북)

  아이들이 해맑게 깔깔거리며 읽을 수 있다.

- **《작고 아름다운 나태주의 동시 수업》**(나태주, 열림원어린이)

  우리나라 역대 최고의 동시를 한자리에서 볼 수 있다.

- **《콧구멍만 바쁘다》**(이정록, 창비)

  아이들의 마음을 재미있게 표현했다.

- **《콩, 너는 죽었다》**(김용택, 문학동네)

  시골의 따뜻한 풍경, 자연을 사랑하는 마음이 담겨 있다.

동시를 읽는 것이 끝이 아니다. 시는 더 오래 보아야 한다. 초등 고학년은 동시를 읽으라고 하면 유치하다고 싫어하는데 꼭 동시만 고집할 필요도 없다. 초등 중학년부터는 현대 시인의 이름과 작품을 조금씩 알려주면 좋다. "엄마도 시를 모르는데 아이에게는 어떻게 알려주나요?" 이런 엄마들은 216쪽의 시 목록을 참고하라. 참고로 나는 늦게 자도 된다고 정한 금요일

밤을 시의 밤으로 지정하고, 초등 4학년 아들의 머리맡에서 매주 1편씩 읽어준다. 5분도 안 걸린다. 이 아이는 시를 사랑하는 아이가 될지도 모른다. 적어도 중학교에 가서 다수의 시를 접했을 때 낯설어하지는 않을 것이다. 친숙하면 쉬워진다.

4

초등부터 고등까지
단계별 국어 로드맵

취학 전 : 책으로 놀다

취학 이전은 아이의 독서 인생에서 가장 운명적인 시기다. 책과 만나는 생애 최초의 시기로, 앞으로 책과 친해지느냐 안 친해지느냐가 결정되는 때이기 때문이다.

이때 한글을 배웠는지가 독서 생활에 중요하다. 요즘은 한글 떼는 시기가 이르다. 부모 세대는 학교 가서 한글을 처음 배웠는데 요즘 아이들은 적어도 한글 읽는 법은 다 배운 상태에서 초등학교에 입학한다. 하지만 이 시기에 문자를 빨리 습득한다고 독서를 잘하는 것은 아니다. 물론 영향은 있다. 문자를 빨리 터득한 아이들은 문자 감각이 좋은 편이고, 문자를 좋아하면 책을 좋아할 가능성도 크다. 그러나 잘하는 것과 좋아하는 것이 일치하지 않을 때도 있다.

취학 이전의 독서는 '잘하기'가 아니라 '좋아하기'가 목표다. 입학 이전에 한글을 다 떼지 못해도 괜찮다. 취학 전에 엄마가 신경 써야 할 가장 중요한 일은 '책을 읽는 것'이 아니라 '책으로 노는 것'이다. 책으로 놀 수 있는 유일한 시기가 취학 전이다. 이때는 가지고 놀 수 있는 책이 넘쳐난다.

아기 때는 촉감 책을 쥐여준다. 촉감 책은 책이 아니라 책 모양 장난감이다. 글자는 없고 강렬한 색감, 바스락거리는 소리라든가 다양한 감촉의 표면, 단추와 부드러운 지퍼만 있다. 촉감 책을 가지고 놀면서 아이는 자연스럽게 손가락 소근육을 발달시키는데, 소근육이 발달하면 머리도 좋아진다. 원래 누구든 무언가를 배우려면 좋아해야 하고 그것에 익숙해져야 한다. 그렇게 만드는 데는 놀이가 최고다.

4~6세 아이들에게는 가지고 놀 책이 많다. 뿡뿡, 빵빵, 야옹, 멍멍 소리가 나오는 음성 책, 입체적 종이 모형이 튀어나오는 팝업북, 불이 들어오거나 부품을 넣었다 뺄 수 있는 작동 책까지 다 놀이 책이다. 그런데 거기에 짧은 한글까지 더해진다면 아이의 세계는 '문자'와 '감각'과 '의미', 3가지가 결합되는 세계로 나아간다. 매우 놀라운 일이다. 한글을 빨리 떼면 그 시기가 그만큼 빨라진다.

여기서 이 책을 집필할 동기가 된 우리 집 아이들의 사례를 소개해야겠다. 나는 첫째인 딸과 둘째인 아들을 키우고 있다. 딸은 만 4세에 읽고 쓰기를 완료했다. 학습지 선생님이 주 1회 방문했고 나는 퇴근한 후 이미지 카드나 그림책을 읽어줬다. 한글을 어느 정도 떼고부터 아이는 손바닥만 한 책부터 깔고 앉는 큰 책까지 하루에

30권은 뚝딱 읽었다. 아니, 읽는 것인지 그림만 보는 것인지는 정확히 알 수 없었다. 묵독 스타일이었기 때문이다. 왼쪽에 책을 수북이 쌓아놓고 하나씩 가져다 보고는 오른쪽으로 옮겨놨다. 그게 매일의 일과였다.

딸은 4세 때 맞춤법은 틀려도 문장을 쓸 수 있었다. 책을 연달아 가져와 읽어달라고 해서 내가 목이 쉬게 읽은 적도 있었다. 한글을 뗀 4세부터 6세까지 같은 책을 읽고 또 읽고, 그게 지겨워져서 새로운 책을 또 달라고 했다. 그래서 아동 도서 전집을 들여줬다. 재미있으니 좋아하고, 좋아하니 또 읽고, 자꾸 읽으니까 국어를 잘하게 되었다. 그래서 딸은 지금도 국어 과목에는 별걱정이 없다. 취학전에 책을 긴 기간 행복하게 읽은 것이 이 아이 인생의 행운이다.

"생애 초창기의 책은 책이 아니라 놀잇감이다. 절대적으로 친근하고 재미있어야 한다." 이 철학으로 나는 딸의 독서 교육에 정성을 다했다. 태어나 한 달이 되기 전에 초점 책을 병풍처럼 세워주고, 다 잊어버린 동요를 연습해 쉬지 않고 불러줬다. 동요는 입으로 읽는 책이나 마찬가지다. 아이의 언어 감각을 키우는 데는 동요가 매우 효과적이다.

4세 이전, 나는 아이 책을 사면 아이에게 바로 주지 않았다. 우선 냄새가 빠지게 바람을 3~4일간 쐬었다. 그리고 내가 먼저 여러 번 읽어 쩍 소리가 나지 않고 책장이 부드럽게 넘어가게 만들었다. 그런 다음에는 그 책을 안고 다녔다. "이거 봐라, 엄마는 이거 너무 좋아. 아이 좋아" 하면서 가지고 다녔다. 딸이 장난감을 가지고 놀고 있으면 그 옆에 앉아 아이 책을 일부러 읽었다. 읽으면서 허밍도 하고 쿡쿡쿡 웃기도 했다. 그러면 딸은 장난감을 버리고 와서 어깨너머로 그 책을 보려고 했다.

바로 이 '어깨너머 교육'은 매우 영리한 방법이다. 딸은 첫째였기 때문에 모방할 언니나 오빠가 없다는 것이 가장 아쉬웠다. 그래서 나를 모방 대상으로 제시해주었다. 아이는 대개 엄마를 좋아한다. 그럼 엄마가 책을 좋아하는 사람이라면 어떨까? 아이는 엄마를 모방해서 책을 좋아하는 아이가 된다.

"책으로 할 수 있는 것은 읽는 것 말고도 매우 많다."

책을 겹쳐서 병풍을 만들고 징검다리를 만들고 집을 짓고 놀았다. 아이가 깨어 있을 때는 책을 어지럽게 늘어놓아도 바로바로 정리하지 않았다. 시선을 어디에 두든 책이 보일 수 있게 깔아놨다. 집이 너저분해서 정리하고 싶어도 꾹 참았다. 그리고 아이가 잠들면 비로소 책을 정리했다. 정리할 때 원칙은 다음 날 아이가 언제든 같은 책을 같은 자리에서 꺼낼 수 있도록 하는 것이었다. 이렇게 책과 놀고 책 냄새를 많이 맡고 책을 깔고 안고 했던 아이는 나중에도 책과 깊이 친해질 수 있다. 내가 어렸을 때 집에서 아버지가 해주던 방식이다. 나는 내 요람이 책으로 둘러싸여 있었기 때문에 내가 서울대학교 국문과에 합격했다고 확신한다.

이 시기 아이한테는 "이거 읽어봐, 이거 읽었니" 하면서 확인하지 말아야 한다. 뭘 모를 것 같지만 사실 아이들 눈치가 더 빠르다. 엄마가 아이의 수준을 파악하려고 책을 이용하는 순간, 아이는 책이 재미없어진다. 엄마는 점검과 평가를 제쳐두고 아이와 동행하는 사람이 되어야 한다. 좋은 책을 골라서 구해 오고, 모른 척 아이 곁에 늘어놓고 "자, 같이 읽어볼까" 하고 읽어줘야 한다. 책이라고 할 때 따뜻한 집 냄새, 엄마 냄새가 떠오른다면 아이에게 책은 참 좋은 것으로 인식된다.

엄마는 책을 끝까지 다 읽어야 잘 읽는 거라고 고집하지 말아야 한다. 아이가 책을 휙 집어 던지면 깔깔대며 같이 집어 던질 수 있어야 한다. 그러고 나서 "아이고, 이 책이 아팠겠다. 엄마가 던져서 책이 아프겠다. 엄마가 잘못했네. 책한테 호 해주자" 하고 책을 소중히 다루는 자세를 알려준다. "책아, 미안해" 사과하면서 "책이 기뻐하게 우리 같이 읽어주자"라고 하면 아주 좋다.

만약 '아이가 이 좋은 책을 왜 안 읽지?' 하는 생각이 들어 아쉽다면 아이에게 책을 들이밀지 말고 엄마가 읽으면 된다. "에엥? 어머나! 아이고~ 세상에" 하면서 추임새를 넣으면서 읽으면 좋다. 마트에서도 남들이 길게 줄을 서 있으면 덩달아 줄 서는 것이 사람 심리다. 다른 사람이 재미있게 보면 궁금해서 참을 수 없게 된다.

그리고 남편이 오면 "여보, 내가 오늘 이 책을 읽었는데 이게 얼마나 재미있는 줄 알아? 글쎄, 책에서 말이야~" 하고 밥상머리에서 이야기한다. 아이는 의외로 귀가 밝다. "오늘 우리 승윤이가 책을 얼마나 잘 읽었는지 몰라. 깜짝 놀랐다니까? 당신도 한번 봤어야 하는데 아깝다" 하면서 아이 없는 곳에서 아이에게까지 들리도록 칭찬해준다. 아이는 안 들릴 것 같은 이야기만 쏙쏙 골라 듣는 재주가 있다.

5세 이전이라면 여기 소개한 노하우를 한번 시도해보길 추천한다. 효과가 있을 거라고 장담한다. 그런데 이것이 쉽지 않은 엄마가 있다. 바로 시간이 없는 워킹맘이다.

5세 이전 첫째의 독서 교육에 밑밥을 잘 깔아주던 시기, 나는 정해진 시간에만 강의하던 시간제 근무자였다. 젊기도 했다. 가진 것이 체력과 시간이었다는 말이다. 그래서 아이가 듣든 말든 책을 중얼중얼 종일 읽을 수 있었고, 아이와 책으로 종일 놀아줄 수 있었다. 그런데 둘째 아이를 낳자마자 전일제 직장에 취직이 되었다. 아침 일찍 나가 저녁 늦게 돌아왔다. 그래서 둘째의 독서 교육은 미리 준비하지 못했다. 결국 지금 둘째의 독서는 순조롭지 않다. 하지만 원인이 엄마에게만 있는 것은 아니다. 첫째와 둘째의 결정적 차이가 2가지 더 있다. 그것은 심심함의 정도와 성별이다.

어느 집이건 첫째 아이는 심심하다. 형제 자매가 없이 저 혼자 세상에 나왔으니 같이 놀 사람이 양육자뿐이다. 어린이집 친구가 있다고 해도 4세 미만 아이는 친구와 오래 못 논다. 집에 오면 또 심심하다. 하지만 아이가 외동이라서 심심해한다고 미안해할 필요가 없다. 이 아이는 기회를 잡고 태어난 아이다. 독서에서 심심한 환경만큼 좋은 환경이 없기 때문이다.

TV가 있고, 뽀로로가 노래 부르고, 번쩍번쩍한 장난감이 계속 새로 바뀌고, 주변이 웅성웅성 활력으로 가득하면 책에 손이 안 간다. 책은 2D고 현실은 3D다. 입체적이고 살아 있는 것이 책보다 훨씬 매력적이다. 그 모든 매력을 외면하고 아이가 책을 많이 읽을 수 있을까? 엄마가 읽어주는 것도 한계가 있다. 어떤 아이들은 심심해서, 할 일이 없어서, 주변이 조용하니까, 개중 재미있는 최선의 장난감이 책이어서 책을 읽는다. 그러니까 첫째의 심심한 환경은 독서에 유리한 조건이다.

그런데 둘째는 상황이 다르다. 태어나 보니 나보다 목소리 큰, 조그만 인간이 하나 더 있다고 생각해보자. 책보다 누나, 형, 언니 따라다니는 것이 훨씬 재미있다. 우리 둘째는 누나를 쫓아다니면서 쳐다보는 것이 일이었다. 예전에 첫째는 그 시간에 책을 보는 것이 일이었는데 둘째는 책 대신 제 누나만 봤다. 그러니까 둘째한테는 책이 절실하지 않았다. 누나가 구박하고 누나랑 싸우고 누나가 괴롭힌다고 해도 책보다 누나랑 노는 것이 먼저였다.

이 아이에게는 고요함과 심심함이 결여되었고 엄마와 단 둘만 독서하는 시간도 적었다. 독서를 하려고 해도 누나가 왔다 갔다 하면 둘째의 관심이 누나에게 쏠리니 말이다. 그리고 내가 취직하면서 아이의 독서는 월급보다 중요하지 않은 일이 되었다. 그래서 둘째는 초등학교 입학하기 직전에야 겨우 한글 읽기를 뗐다. 상당히 안타깝다. 결국 4~7세라는 중요한 독서 시기가 사라져버렸다. 이 시기에 재미있게 읽을 만한 책이 다른 시기에 비해 압도적으로 많다. 그런데 그 책들과 놀 시기를 그냥 날린 것이다.

게다가 첫째는 딸이고 둘째는 아들이다. 성별의 차이도 독서 상황에 영향을 미친다. 딸은 수다스럽다. 제발 좀 조용히 했으면 좋겠는데 학교에서 누가 뭐라고 했는지 종알종알 늘어놓는다. 말을 많이 하는 만큼 표현력이 좋고, 표현력이 좋은 만큼 언어 감각도 좋다. 책을 읽으면서 모르는 말을 만나도 대충 이 말은 이런 뜻이려니 하고 이해하고, 예민하고 눈치가 빨라서 책 속 상황을 이해하는 속도도 빠르다.

그런데 아들은 귀엽고 단순하다. 급식으로 뭐 먹었는지 물어보면 안 먹었다고 하고, 숙제가 뭐냐고 하면 없다고 하고, 알림장에 뭐 썼는지 보면 두세 단어 흘겨 쓰여 있다. 책을 자발적으로 읽는가 하면 만화책이고, 만화책이라도 읽는가 하면 게임기를 찾는다. 이 아이의 독서 생활 수준을 누나 수준으로 끌어올리는 것은 불가능하겠다는 감이 온다.

그렇지만 포기할 수 없다. 나는 계속 옆에서 책을 읽고, 조용히 둘이 읽는 시간을 확보하고, 일상에서 어휘력을 길러주고, 흥미로운 책으로 꼬드기는 등 온갖 방법을 동원해 둘째가 책을 계속 읽도록 만들어줄 것이다.

초등 저학년: 그림책에 빠지다

초등 저학년 시기의 주된 목표는 독서가 아니다. 적어도 1학년은 그렇다. 이때는 단체 생활하기, 혼자서 등하교하기, 알림장 스스로 적고 챙기기 등 학교생활 적응이 최대 목표다. 무리하게 그림 적은 문고본으로 진입하지 않아도 된다. 이때도 알록달록하고 따뜻하고 창의적인 그림이 정서에 큰 영향을 미친다. 단, 팝업 북, 놀이 책, 얇은 양장본 비중은 줄이고 글밥이 더 많은 책으로 차차 옮겨 가는 것을 염두에 두어야 한다. 이때 가장 먼저 추천할 책은 '교과서 수록 도서'다. 이것을 함께 읽고 교과를 준비하는 것은 공부를 잘하게 하기 위함이 아니다. 입학 전후로 교과서 수록 도서를 접하면 교과서와 학교를 더 친숙하고 편하게 만드는 데 도움이 된다.

개인적으로는 초등 저학년 대상 책이 가장 사랑스럽다. 출판업계 전문가들에 의하면 어린이 책 시장은 그야말로 전쟁터라고 한다. 그만큼 경쟁이 심하다는 말이겠고 경쟁이 심한 만큼 좋은 책도 많을 것이다. 요즘 아이들이 꼭 읽는 안녕달 그림책, 백희나 그림책, 요시타케 신스케 시리즈 등 좋은 것을 일일이 열거할 수도 없다. 후보가 너무 많아 작가 중심으로 정리하자면 다음과 같다.

미취학~초등 저학년 추천 그림책

- 《개구리네 한솥밥》(백석, 보림·길벗어린이)
  원작은 시인데 이야기처럼 만들어놓았다.
- 《거미》《머릿니》《지렁이》《파리》(엘리즈 그라벨, 권지현 옮김, 씨드북)
  징그러운데 귀엽다. 아이들 취향에 딱 맞는다.
- 《고구마구마》《고구마유》(사이다, 킨더랜드)
  아주 금방 읽는다는 것이 단점이다.
- '고 녀석 맛있겠다' 시리즈(미야니시 타츠야, 백승인·허경실 옮김, 달리)
  공룡 좋아하는 아이들의 취향을 저격한다.
- 《괴물들이 사는 나라》(모리스 샌닥, 강무홍 옮김, 시공주니어)
  영화로도 만들어진 전설적인 작품이다.
- 《달 샤베트》《알사탕》(백희나, 책읽는곰)
  백희나는 항상 옳다.
- 《동그라미》《네모》《세모》(맥 바넷, 서남희 옮김, 시공주니어)
  세 책이 연결되는 지점을 찾아 읽는 묘미가 있다.
- 《떨어진 한쪽, 큰 동그라미를 만나》《아낌없이 주는 나무》

(쉘 실버스타인, 이재명 옮김, 시공주니어)

어릴 때 이런 고전명작을 접하는 것은 축복이다.

- '마녀 위니' 시리즈(밸러리 토머스, 김중철 외 옮김, 비룡소)

  '마녀'는 한 권으로 끝낼 수 없다.

- 《마당을 나온 암탉(그림책본)》(황선미, 사계절)

  이것부터 읽은 후 긴 줄글 원본을 읽는다.

- 《마술 연필》《우리는 친구》(앤서니 브라운, 서애경·장미란 옮김, 웅진주니어)

  앤서니 브라운은 온 가족이 함께 즐기는 작가다.

- 《몰라쟁이 엄마》(이태준, 우리교육)

  단편의 제왕 이태준 소설가의 흔치 않은 동화를 모았다.

- '무지개 물고기' 시리즈(마르쿠스 피스터, 공경희 외 옮김, 시공주니어)

  한때 열풍이 불었던 책. 시리즈 중 첫 권은 필독서이다.

- 《생각을 모으는 사람》《행복한 청소부》(모니카 페트, 김경연 옮김, 풀빛)

  의외로 마니아가 있는 책이다.

- 《쇠를 먹는 불가사리》(정하섭, 길벗어린이)

  교과서 수록 도서. 아이들이 읽고 나면 오래 기억하는 책이다.

- 《쓰레기통 요정》(안녕달, 책읽는곰)

  읽다 보면 엄마가 안녕달 작가의 팬이 된다.

- '오싹오싹' 시리즈(애런 레이놀즈, 홍연미 옮김, 토토북·주니어RHK)

  '오싹오싹'을 싫어하는 아이는 없다. 책 싫다고 하면 이 책부터
  준다.

- 《왜 띄어 써야 돼?》《왜 맞춤법에 맞게 써야 돼?》(박규빈, 길벗어린이)

아이는 재미있고 엄마는 흐뭇한 책이다.

- 《이게 정말 나일까?》《이게 정말 사과일까?》(요시타케 신스케, 고향옥 · 김소연 옮김, 주니어김영사)

  신스케는 천재적이고 웃기다. 그림 때문에라도 싫어할 수 없다.

- 《종이 봉지 공주》(로버트 먼치, 비룡소)

  취학 전 이미 읽었을 것이다. 안 읽은 아이는 보고 가자.

- 《지각대장 존》(존 버닝햄, 박상희 옮김, 비룡소)

  버닝햄의 다른 책들도 '강추'한다.

- '지니비니' 시리즈(이소을, 상상박스)

  유치원 때 다들 읽었을 책이다. 안 읽은 아이는 보고 가자.

- '지원이와 병관이' 시리즈(김영진, 길벗어린이)

  누나와 싸우는 동생, 동생과 싸우는 누나라면 모두 읽어야 할 책이다.

- '책 먹는 여우' 시리즈(프란치스카 비어만, 김경연 · 송순섭 옮김, 주니어김영사)

  글밥이 좀 되지만 의외로 반응이 좋은 책이다.

- '코딱지 코지' 시리즈(허정윤, 웅진주니어)

  더러운 것은 재미있다.

- 《황소 아저씨》《강아지똥》(권정생, 길벗어린이)

  모든 초등학생이 기억했으면 하는 1등 작가의 책이다.

- 《황소와 도깨비》(이상, 다림)

  시인 이상이 옛이야기도 이렇게나 잘 썼다.

여기 소개한 국내외 작가는 검증된 이들이다. 이들의 책은 5~6세부터 취학 직후 7세까지 읽기 좋다. 한 작가의 여러 책을 읽어도 후회가 없을 것이다. 여기에 추천하지는 않았지만 앞 장에서 언급한 전래 동화와 우리나라 신화 혹은 문화 관련 동화 역시 초등 저학년에 섭렵할 가치가 있다.

추천한 책이 너무 쉽게 느껴지는 아이들도 있다. 사실, 이런 추천 도서는 취학 이전 아이도 잘 읽을 수 있다. 그렇기 때문에 이 책들만 읽고 바로 중학년 대상의 줄글 책으로 넘어가기는 쉽지 않다. 그래서 중간에 들이는 책들이 비룡소의 '난 책 읽기가 좋아'와 '시공주니어 문고', 그리고 여러 출판사의 저학년 문고본들이다.

'난 책 읽기가 좋아' 시리즈는 초록색 책이 1단계이고 주황색 책이 2단계다. 초등 1학년에게는 1단계 책이 적절하고, 2학년부터는 2단계 책이 적절하다. 그 유명한 '만복이네 떡집' 시리즈가 '난 책 읽기가 좋아' 2단계에 포함되어 있다. 2단계 책이 쉽게 느껴지는 아이들은 '시공주니어 문고' 독서 레벨 1~2단계를 살펴보면 좋다. 비룡소 시리즈와 시공주니어 시리즈가 널리 알려져 있지만 그 외에도 좋은 책은 많다. 국민서관의 '내 친구 작은 거인' 시리즈, 한솔수북의 '초등 읽기대장' 시리즈, 사계절의 '사계절 저학년문고' 시리즈, 푸른책들의 '작은 도서관' 시리즈를 추천한다.

초등 1학년

- '난 책 읽기가 좋아' 시리즈 – 초록(비룡소)

  《완두콩, 너 멜론 맛 알아?》《파리 먹을래 당근 먹을래?》《야구왕 돼지 삼형제》《원숭이의 하루》

초등 1~2학년

- '학교종이 땡땡땡' 시리즈(천개의바람)

  《그 소문 들었어?》《거북이가 2000원》《으악 큰일 났다》《오줌싸우르스 물리치는 법》《하늘이 딱딱했대?》

초등 2학년

- '난 책 읽기가 좋아' 시리즈 – 주황(비룡소)

  《꽝 없는 뽑기 기계》《변신 돼지》《깊은 밤 필통 안에서》《축구왕 차공만》《두근두근 걱정 대장》

초등 2~3학년

- '내 친구 작은 거인' 시리즈(국민서관)

  《튀김이 떡볶이에 빠진 날》《사라진 축구공》《도서관에 가지 마, 절대로》《전국 2위 이제나》《까만 콩에 염소 똥 섞기》
- '사계절 저학년문고' 시리즈(사계절)

《화해하기 보고서》《가방 들어주는 아이》《하룻밤》《프린들 주세요》《엄순대의 막중한 임무》《일기 먹는 일기장》

- '시공주니어 문고' 1단계
  《토드 선장과 블랙 홀》《이고쳐 선생》《아이돌 스타 윌리엄》《찰리와 유령 텐트》《스탠리와 요술 램프》《위대한 탐정 네이트》《꼬마용 룸피룸피》《똥개의 복수》

- '초등 읽기대장' 시리즈(한솔수북)
  《엄마가 사라진 날》《천년손이와 사라진 구미호》

초등 3학년

- '난 책 읽기가 좋아' 시리즈 – 주황(비룡소)
  '만복이네 떡집' 시리즈,《한밤중 달빛 식당》

- '작은도서관' 시리즈(푸른책들)
  《최기봉을 찾아라!》《방귀 스티커》《잔소리 붕어빵》《밤티 마을 큰돌이네 집》

초등 4학년

- '그래 책이야' 시리즈(잇츠북어린이)
  《무서운 문제집》《배꼽 전설》《거꾸로 말대꾸》《벼락 맞은 리코더》《아디닭스 치킨집》

- '북멘토 가치동화' 시리즈(북멘토)
  '수상한 아파트' 시리즈

- ■ '중학년을 위한 한뼘도서관' 시리즈(주니어김영사)

  《잘못 뽑은 반장》《또 잘못 뽑은 반장》《우리 반 스파이》

초등 4~5학년

- ■ '시공주니어 문고' 2단계

  《찰리와 초콜릿 공장》 등 로알드 달 시리즈,《내 이름은 삐삐
  롱스타킹》 등 린드그렌 시리즈,《게임 파티》《개똥도 아끼다
  자린고비 일기》《별별수사대》《안녕, 우주인》

초등 5~6학년

- ■ '사계절 아동문고' 시리즈(사계절)

  《도마뱀 구름의 꼬리가 사라질 때》《마당을 나온 암탉》《몬스
  터 차일드》《칠칠단의 비밀》

초등 6학년

- ■ '네버랜드 클래식' 시리즈(시공주니어)

  《크리스마스 캐럴》《오즈의 마법사》《보물섬》《이상한 나라의
  앨리스》《80일간의 세계 일주》

아이에게 줄 책을 고르는 것은 어려운 일이다. 특히 7세 전후 아
이 책을 고를 때 가장 혼란스럽다. 이때 영리한 방법 2가지를 추천

한다. 하나는 '작가 이름으로 검색하기'다. 예를 들어 인터넷 서점에서 '앤서니 브라운'으로 검색한 후 몇 세 추천 도서인지 상세 유형 분류를 보면서 내 아이의 연령대에 맞는 책을 고른다. 좋은 저자의 책은 실패할 확률이 낮다.

다음 방법은 '시리즈 목록 탐색하기'다. 예를 들어 인터넷 서점에서 '사계절 저학년문고' 목록을 검색한 뒤 판매량이나 리뷰가 많은 순서로 다시 정렬한다. 상위 목록을 보면서 내 아이의 스타일과 연령에 적합한 책을 골라본다. 미리보기 기능을 활용하면 글의 양도 확인할 수 있다. 무턱대고 한 시리즈를 전집처럼 다 들이지 말고 1권씩 사면서 도서 목록을 확장하는 편이 좋다. 여러 권 읽는 것도 좋지만 1권을 여러 번 읽게 하는 것도 굉장히 좋은 방법이다.

주의할 점은 초등 저학년 시기에 받아쓰기, 맞춤법, 글씨 예쁘게 쓰기에 정성을 들이라는 것이다. 친구와 환경이 바뀌어 마음이 어수선한 1학년 때는 진득하니 앉아 독서 삼매경에 빠지기를 강요할 수 없다. 그것보다는 짧고 효율적으로 필수 요소를 채워야 한다. 그 중 하나가 받아쓰기, 맞춤법이다.

담임 교사에 따라 어느 학급은 받아쓰기를 많이 하지 않기도 한다. 그렇다 해도 연습 문제 프린트물은 있을 것이다. 받아쓰기는 학교에서 완벽하게 가르쳐주지 않으므로 집에서 지속적으로 관심을 가져야 한다. 연습 문제를 칸 있는 공책에 또박또박 쓰면서 연필 바르게 쥐고 우리말을 곱게 쓰는 버릇을 들여야 한다. 하루에 5분, 10분이면 된다.

맞춤법 공부는 1~2학년 안에 끝나는 것이 아니다. 이것은 한자 공부처럼 오래, 조금씩 해서 실력을 쌓아야 한다. 문제집 중에서는 '어린이 훈민정음' 시리즈(성정일, 시서례)가 맞춤법과 기본 어휘를 공부하기 좋게 되어 있다. 이것이라도 사서 꾸준히, 스트레스는 받지 말고, 매주 작심삼일의 마음으로 진행한다. 앞에서 소개한 동화책《왜 떠어 써야 돼?》《왜 맞춤법에 맞게 써야 돼?》를 읽어주고 나서 받아쓰기를 진행하면 더 좋다.

저학년 때 받아쓰기를 하지 않은 아이가 크면서 받아쓰기를 잘하리라 기대할 수는 없다. 고학년이 될수록 수학 선행 학습을 하느라 우리말 공부는 소홀히 한다. 그러나 한국인이 한국어를 맞춤법과 띄어쓰기 규정에 맞게 쓰는 것을 우습게 보면 안 된다. 부모님이 그 어떤 과목보다 중요하고 진지하게 국어를 대우해야 한다.

모든 과목의 기반이 되는 것은 우리말이다. 대충 읽고 알면 된다고? 전혀 그렇지 않다. 아이가 기본적인 맞춤법을 모르면 내내 손해를 본다. 자라서 이메일이나 메시지를 보낼 때 맞춤법을 틀리면 상대방에게 나쁜 인상을 주게 된다. 대학에서 리포트를 작성할 때, 직장에서 보고서를 쓸 때도 기본적인 맞춤법을 틀린다면 다른 사람들이 그 내용을 신뢰하지 않는다. 기본 중의 기본은 가장 낮은 학년에 시작하는 것이 옳다.

초등 중학년:
독서 인생의 결정적 순간을 맞이하다

초등 중학년 시기에는 아이가 100~150쪽짜리 책을 경험하는 것이 관건이다. 이를 일종의 미션처럼 생각해야 한다. 이때 '긴 책 통독'이라는 산을 넘지 못하면 앞으로 계속 힘들어진다.

중학년은 엉덩이 힘을 기를 체력도 되고, 읽기에도 어느 정도 익숙해진 시기다. 중학년 독서 목표를 150쪽 전후(판형이 작다면 200쪽까지) 책 읽기에 두자. 상대적으로 읽기 쉬운 《세상에서 제일 달고나》(황선미, 주니어김영사)는 112쪽이고 《샬롯의 거미줄》(엘윈 브룩스 화이트, 김화곤 옮김, 시공주니어)은 264쪽짜리다. 내용이 길어도 쭉쭉 읽을 수 있는 《잘못 뽑은 반장》(이은재, 주니어김영사)은 217쪽이고 중학년이라면 금방 읽을 수 있는 《아디닭스 치킨집》(박현숙, 잇츠북 어린이)은 124쪽이다. 중학년 아이가 쪽수 많은 책 잘 못 읽는다 싶다면 초등학교 졸업 이전까지로 목표 달성을 유예해도 된다. 아이마다 적정 독서 시기와 읽기 편차가 있다는 것을 인정하자. 그렇지만 적어도 초등학교 졸업 전에는 150쪽 정도 읽게 하자.

중학년 시기 쪽수가 많은 책, 줄글 책으로 넘어가기 위해서는 엄마의 관심이 필요하다. 아이는 지금까지 표지와 본문 전체가 알록달록한 책을 읽어오다가 이제는 표지만 알록달록한 책을 읽게 될 것이다. 어떤 아이는 책의 무게감과 활자의 압박감에 두려움을 느낄 수 있다. 그러므로 재미있는 책, 취향을 저격하는 책, 입소문이 난 책을 골라서 주고, 무엇보다도 엄마가 같이 읽어주자. 앞부분은 엄마와 소리 내서 번갈아 읽기, 그 다음 두세 장은 엄마와 소리 내지 않고 읽기, 그 이후 부분은 혼자 읽기. 이 3단계를 중심으로 상황에 따라 각 단계의 비중을 달리하면서 읽으면 좋다.

저학년 대상 도서에서 중학년 대상 도서로 넘어갈 때 힘들다면? 꿀꺽 침을 삼키며 나도 모르게 책장을 넘기는 재미있는 책들이 있다. 《만복이네 떡집》《엄순대의 막중한 임무》《잘못 뽑은 반장》《아디닭스 치킨집》은 손에서 놓기 힘든 책이다. 이렇게 재미있기로 정평이 난 책으로 아이들을 유도하자. 198쪽 초등 학년별 추천 시리즈/문고 중에서 3학년 이상 추천 도서를 확인하길 바란다.

재미있는 책으로 아이가 소화 가능한 글밥과 쪽수를 늘려놓는다면, 재미없지만 유익한 책을 재미있는 책 중간중간에 끼워 넣을 수 있다. 특히 3학년부터 공동체와 우리 마을, 4학년에는 지도와 방위 등이 사회 교과서에 나오기 때문에 교과서 내용에 맞춘 책을 함께 읽으면 유익하다. 지리, 법, 정치, 언론, 인권 같은 단어가 등장하는 쉬운 학습서를 슬슬 읽기 시작해도 되는 때가 4학년 무렵이다.

■ 과학

《WHAT? 화석과 지층》(황근기, WHAT? SCHOOL)

《가르쳐주세요! 열에 대해서》(정완상, 지브레인)

《가르쳐주세요! 힘에 대해서》(이봉우, 지브레인)

《바이오가 궁금해?》(강건욱, 상상미디어)

《열려라, 뇌!》(임정은, 창비)

《이렇게나 똑똑한 식물이라니!》(김순한, 토토북)

《호킹이 들려주는 빅뱅 우주 이야기》(정완상, 자음과모음)

■ 사회

《국제 관계, 어떻게 이해해야 할까? - 세상에 대하여 우리가 더 잘 알아야 할 교양 24》(닉 헌터, 황선영 옮김, 내인생의책)

《꼬불꼬불나라의 동물권리이야기》(서해경, 풀빛미디어)

《나의 행복과 모두의 행복 - 벤담이 들려주는 최대 다수의 최대 행복 이야기》(서정욱, 자음과모음)

《노동 - 생각이 크는 인문학 18》(이수정, 을파소)

《단톡방 가족》(제성은, 마주별)

《달라도 괜찮아 우린 함께니까 - 한나 아렌트가 들려주는 전체주의 이야기》(김선욱, 자음과모음)

《동물원은 왜 생겼을까?》(김보숙, 청년사)

《둥글둥글 지구촌 인권 이야기》(신재일, 풀빛)

《무기 팔지 마세요!》(위기철, 현북스)

《방방곡곡 우리 특산물》(우리누리, 주니어중앙)

《사형제도, 과연 필요한가? – 세상에 대하여 우리가 더 잘 알아야 할 교양 11》(케이 스티어만, 김혜영 옮김, 내인생의책)

《생명 – 생각이 크는 인문학 10》(장성익, 을파소)

《앨빈 토플러의 생각을 읽자》(조희원, 김영사ON)

《우물 파는 아이들》(린다 수 박, 공경희 옮김, 개암나무)

《퓰리처 선생님네 방송반》(전현정, 주니어김영사)

- 경제

《거꾸로 경제학자들의 바로 경제학》(요술피리, 빈빈책방)

《더불어 사는 행복한 경제》(배성호, 청어람주니어)

《미키가 처음 번 50센트》(에바 폴락, 유혜자 옮김, 주니어김영사)

《서연이와 한준이의 재미나고 신나는 경제여행》(김인철, 종합출판범우)

《시장경제 – 생각학교 초등 경제 교과서 1》(김상규, 사람in)

《시장과 가격 쫌 아는 10대》(석혜원, 풀빛)

《어린이를 위한 무역의 모든 것》(서지원, 풀과바람)

《열두 살에 부자가 된 키라》(보도 섀퍼, 김준광 옮김, 을파소)

《우리는 돈 벌러 갑니다》(진형민, 창비)

《이솝우화로 읽는 경제 이야기》(서명수, 이케이북)

《청소년을 위한 경제의 역사》(니콜라우스 피퍼, 유혜자 옮김, 비룡소)

- 법

《여기는 바로섬 법을 배웁니다》(안소연, 천개의바람)

《재미있는 법 이야기》(한국법교육센터, 가나출판사)

- 정치

《민주의 슬기로운 정치생활》(박신식, 삼성당)

《재미있는 선거와 정치 이야기》(조항록, 가나출판사)

- 환경

《그 많던 고래는 어디로 갔을까》(신정민, 풀과바람)

《물고기가 사라진 세상》(마크 쿨란스키, 이충호 옮김, 두레아이들)

《여보세요, 생태계 씨! 안녕하신가요?》(윤소영, 낮은산)

《월든》(헨리 데이비드 소로 원저, 김선희 글, 파란자전거)

《초등학생이 읽는 지질학의 첫걸음》(프랑소와 미셸, 장순근 옮김, 사계절)

- 지리, 건축

《꼬불꼬불나라의 지리이야기》(서해경, 풀빛미디어)

《어린이를 위한 유쾌한 세계 건축 여행》(배운경, 토토북)

《종이 한 장의 마법 지도》(류재명, 길벗어린이)

- 역사

'교양있는 우리아이를 위한 세계역사 이야기' 시리즈(수잔 와이즈 바우어, 이계정 옮김, 꼬마이실)

《내 이름은 직지》(이규희, 밝은미래)

《바람을 품은 집, 장경판전》(조경희, 개암나무)

《왜 조선 시대에는 양반과 노비가 있었을까》(손경희, 자음과모음)

《우리나라 구석구석 지도 위 한국사》(정일웅·표정옥, 이케이북)

'한국사를 보다' 시리즈(박찬영·정호일, 리베르스쿨)

'한국사 편지' 시리즈(박은봉, 책과함께어린이)

- 인문

《그림으로 읽는 생생 심리학》(이소라, 그리고책)

《꿈꾸는 건축가 안토니 가우디》(김나정, 자음과모음)

《내가 원래 뭐였는지 알아?》(정유소영, 창비)

《누가 맨 먼저 생각했을까》(이어령, 푸른숲주니어)

《맹자가 들려주는 대장부 이야기》(임옥균, 자음과모음)

《뭐가 되고 싶냐는 어른들의 질문에 대답하는 법》(알랭 드 보통·인생학교, 신인수 옮김, 미래엔아이세움)

《어린이를 위한 바보 빅터》(호아킴 데 포사다·레이몬드 조 원저, 전지은 글, 한국경제신문사)

《탈무드》(한상남 옮김, 삼성출판사)

- 문화, 예술

  '10대들을 위한 나의 문화유산답사기' 시리즈(유홍준·김경후, 창비)

  《그림처럼 살다간 고흐의 마지막 편지》(장세현, 채우리)

  《앤디 워홀 이야기》(아서 단토, 박선령 옮김, 움직이는서재)

  《예술에 대한 여덟 가지 답변의 역사》(김진엽, 우리학교)

  《백남준 – 새로운 세계를 연 비디오 예술가》(김홍희, 나무숲)

  《황소의 혼을 사로잡은 이중섭》(최석태, 현실문화)

- 문학

  《담을 넘은 아이》(김정민, 비룡소)

  《로빈 후드의 모험》(하워드 파일, 엄예현 엮음, 지경사)

  《이야기가 사는 숲》(임어진, 낮은산)

  《지구에서 달까지》(쥘 베른, 박소영 엮음, 미래엔아이세움)

  《지킬 박사와 하이드 씨》(로버트 루이스 스티븐슨, 박광규 옮김, 비룡소)

  《초정리 편지》(배유안, 창비)

  《크리스마스 캐럴》(찰스 디킨스, 이정민 엮음, 미래엔아이세움)

  《피터 팬》(제임스 매슈 배리, 이정주 옮김, 아르볼)

문제집, 어떻게 활용할까?

요즘 문제집을 가장 많이 풀기 시작하는 시기가 바로 초등 중학년이다. 문제집을 푸는 것은 나쁘지 않지만 문제집만 푸는 것은 나쁘다. 책 읽기를 포기하고 문제집을 풀면서 국어 점수만 높여보려는 태도는 바람직하지 않다.

문제집을 풀 때에도 주의 사항이 있다. 진도보다 학습이 중요하다. 그런데 엄마들은 학습보다 진도를 중시한다. 그러면서 문제집을 많이, 혹은 규칙적으로 풀어야 한다고 아이들을 강압한다. 문제집 1권을 다 떼는 것을 목표로 삼으면 안 된다. 1권 다 안 풀어도 된다. 풀이를 하루 이틀 빼먹을 수도 있다. 문제집 풀이가 아이에게 스트레스가 된다면 중단해야 한다.

중학년에 문제집을 시작한다면 가장 추천하고 싶은 것이 사자성어, 속담, 관용어를 배울 수 있는 문제집이다. 문제집을 통해서가 아니어도 초등 중학년 때는 반드시 사자성어, 속담, 관용어를 익혀야 한다. 해당 주제는 만화책으로도, 재미있는 책으로도 많이 다루고 있으니 꾸준히, 반복적으로 외우고 관련 지식을 쌓아야 한다.

만약 아이가 중학생이어도 국어 실력이 부족하다면 초등 문제집을 선택한다. 중학교에 가면 독해 문제집을 풀게 된다. 그런데 중등 독해 문제집은 초등 문제집에 비해 급격히 어려워지고 문제집에 사용되는 단어가 어마무시해진다. 초등학교에서 중학교로 올라갈 때는 난도가 점진적으로 높아지지 않는다. 계단식으로 확 뛴다. 그것을 모르고 아이만 잡아서는 안 된다.

문제를 푸는 기술에 집중하지 않는다면 중학년부터 월간 과학 잡지를 보는 것도 좋은 방법이다. 단, 정기 구독은 시범 기간을 거친 후에 결정한다. 매달 오는 잡지를 받아 포장 비닐도 안 벗기는 아이들이 상당수다. 그러면 엄마는 본전 생각에 화를 내게 된다. 이것은 엄마 탓이다. 엄마가 판단을 잘못했기 때문이다. 안 읽으면 조용히 치우고 정기 구독을 취소한다. 그렇다고 아이 공부를 포기하는 것은 아니다. 엄마는 죽을 때까지 아이에 대해 믿음을 가져야 한다. 다시 방법을 찾으면 된다. 다음은 시중에 나와 있는 문제집 중 추천하는 것들이다. 중학년뿐 아니라 초등 전 학년 아이들이 활용 가능한 목록이다.

엄마표 초등 국어 공부에 활용하기 좋은 문제집

- '독해력 비타민' 시리즈(성정일, 시서례)
  읽기를 집중적으로 연습할 때 도움이 된다. 지문의 종류가 다양하다는 장점이 있다.
- '디딤돌 독해력' 시리즈(디딤돌 국어교재연구회, 디딤돌)
  독해 학습용으로 시작하기 좋은 문제집이다. 조금 쉽다고 느끼는 아이라면 단계를 한 학년 올려서 푼다.
- '뿌리깊은 초등국어 독해력 – 어휘편' 시리즈(편집부, 마더텅)

속담과 사자성어를 재미있게 배우기에 좋다. 특히 속담은 어릴 때 꼭 익히도록 해줘야 한다. 강력하게 추천한다.

- '어린이 훈민정음' 시리즈(성정일, 시서례)
  교과 연계가 잘되어 있고 쉬우며, 어휘력 향상과 기본기 형성에 좋다. 독해 문제는 따로 풀어줘야 한다.

초등 고학년:
묵직한 독서의 세계로 접어들다

초등 고학년 때는 엄마 마음이 급해진다. 준비할 것도 많다. 이때 고려할 사항을 정리하자면 다음과 같다.

하나, 독서도 독서지만 맞춤법을 진지하게 점검해봐야 한다. 맞춤법에 더해 글씨체를 교정할 수 있는 '마지막 시기'다. 디지털 시대에 악필이 과연 문제인가 묻는다면, 여전히 문제라고 답하겠다. 우선 악필인 아이는 본인이 써놓고 본인이 잘못 읽는다. 그 때문에 아는 것을 틀릴 수 있다. 중학교 가서 서술형 답안을 쓸 때 선생님이 글씨를 도통 읽을 수 없어 점수 받기가 어렵다. 부모 세대나 지금이나 마찬가지로 글씨는 읽을 수 있는 정도는 되어야 하고 맞춤법은 기본 소양이다.

왜 마지막 시기냐고 강조하는가? 곧 사춘기가 오기 때문이다. "우리 아이는 5학년인데 이미 사춘기가 왔어요" 하는 엄마는 아직 모른다. 지금의 사춘기가 장대비라면 2년 후의 사춘기는 쓰나미다.

괜히 중2병 이야기가 나오는 것이 아니다. 그때 맞춤법을 교정하고 글씨체를 연습하기란 불가능하다. 아직 초등학생이라는 자의식이 있을 때 맞춤법과 악필을 교정해야 한다.

둘, 이때 독서 목표는 진지하고 묵직한 사회적 이슈를 접해보는 것이다. 정치, 인권, 공감, 복지, 환경, 식량 문제 등 초등 고학년 학생은 공동체적이고 사회적인 문제에 대해 생각해볼 수 있다. 물론 이때도 책 자체를 거부하는 근본적 문제가 있다면 중학년 책 읽기를 목표로 삼는다(나나 유튜브의 추천이 아니라 내 아이의 현 상태에 기준을 맞춰 목표를 설정해야 한다. 나는 여러 아이의 상황을 다 모르고 그저 표준적인 이야기를 할 뿐이다. 느리게 가도 된다. 부모는 아이의 가능성과 독서의 힘을 믿는 사람이다).

셋, 이때는 '분석 독서'와 제대로 된 쓰기가 가능한 시기니 이 둘을 시도해볼 수 있다. 생각의 폭과 깊이가 넓어져야만 분석도 쓰기도 할 수 있는 법이다. 낯선 분석 독서는 대체 어떻게 할 것인가? 여기 팁이 있다.

먼저 책을 읽기 전에 저자의 이력을 확인하고 읽도록 유도한다. 내용에만 주목하는 것이 아니라 책의 맥락을 살피기 위해서다. 다 읽은 후에는 책의 내용을 '한 문단' 이내로 정리해본다. 노트에 손으로 쓰는 것이 가장 좋고, 안 된다면 카톡으로 보내도 좋다. 책의 내용을 글로 정리하면 생각도 정리되고 중요한 것과 아닌 것을 구별하는 힘이 생긴다. 마지막으로는 책의 전체 의도나 저자의 메시지를 딱 '한 문장'으로 간단하게 정리하는 훈련을 한다. 이것은 '이 책에는 이런 의도가 있는 것 같다'라는 판단의 시작이다.

미약하게나마 자기 생각을 끄집어내는 훈련이 나중에는 공부에 매우 큰 도움이 될 것이다. 이렇게 책을 읽고, 저자의 생애와 경향을 확인하고, 전체 내용을 요약하고, 전체 메시지를 정리하는 것을 분석 독서라고 한다(보다 전문적인 분석 독서 개념이 있지만 이 책에서는 초등학생이 책을 분석적으로 파악하는 것을 분석 독서라고 부른다).

감성적인 독후감 쓰기가 아니라 더 어른스러운 서평 쓰기에서 이 분석 독서를 활용한다. 초등 고학년은 좀 더 지적인 텍스트를 읽어낼 준비를 하는 나이여서 분석 독서를 익혀두면 좋다. 물론 모든 초등 고학년 학생에게 분석 독서가 절대적인 독서의 기준인 것은 아니다. 정리하자면 이 시기 아이 중 독서 수준이 높은 아이라면 문장과 문단을 따라가면서 읽는 것이 아니라 책을 거시적으로 장악하는 경험을 할 필요가 있다. 이것을 해내면 나중에 독해는 물론 동아리 등에서 토론도 잘할 수 있고 자기 생각 쓰기 수준이 높아진다. 수업에서 핵심을 파악하는 능력도 더불어 좋아진다.

넷, 중학교 내신을 대비해 한국 소설을 미리 읽어둔다. 《국어 교과서가 사랑한 중학교 소설 읽기》(전국국어교사모임 엮음, 해냄에듀), 《EBS 필독 중학 교과서 소설》(편집부, EBS한국교육방송공사) 등을 사면 1권으로 여러 단편을 읽을 수 있다. 124~126쪽 중학생 근현대 문화 추천 도서에 소개한 작품은 개중 가장 중요한 작품들이다. 내신을 대비하려는 초등 고학년은 그것을 중심으로 독서 이력을 시작해도 좋다.

다섯, 중학교 내신을 대비해 한국 시를 미리 읽어둔다. 중학생, 특히 3학년쯤 되면 방학마다 현대 시 특강이 성행한다. 특강을 한꺼번에 들으려면 힘들므로 현대 시 공부가 걱정된다면 대표 시인 중심으로 현대 시를 미리미리 읽어둔다. 아이가 당장은 그 효과를 느끼지 못해도 아이에게 반드시 도움이 된다. 추천 시 목록은 아래와 같다. 시인과 작품 이름을 검색해서 1편씩 확인하면 현대 시의 기초가 형성된다.

초등 고학년~중학생 아이와 함께 읽으면 좋은 시(연대순)

김억, 〈봄은 간다〉

김소월, 〈진달래꽃〉 〈접동새〉

한용운, 〈님의 침묵〉 〈알 수 없어요〉

이상화, 〈빼앗긴 들에도 봄은 오는가〉

변영로, 〈논개〉

이장희, 〈봄은 고양이로다〉

김동환, 〈산 너머 남촌에는〉

심훈, 〈그날이 오면〉

홍사용, 〈나는 왕이로소이다〉

김영랑, 〈모란이 피기까지는〉 〈끝없는 강물이 흐르네〉

김동명, 〈내 마음은〉

이병기, 〈난초〉

김상용, 〈남으로 창을 내겠소〉

정지용, 〈유리창〉 〈향수〉

백석, 〈남신의주 유동 박시봉방〉 〈수라〉

김기림, 〈바다와 나비〉

이상, 〈거울〉 〈오감도 1〉

김광균, 〈은수저〉

이육사, 〈광야〉 〈청포도〉

윤동주, 〈별 헤는 밤〉 〈서시〉 〈자화상〉

이용악, 〈오랑캐꽃〉

신석초, 〈바라춤〉

함형수, 〈해바라기의 비명〉

김광섭, 〈성북동 비둘기〉

장만영, 〈달·포도·잎사귀〉

김상옥, 〈봉선화〉

신석정, 〈그 먼 나라를 알으십니까〉

유치환, 〈깃발〉

이호우, 〈달밤〉

김현승, 〈가을의 기도〉

박목월, 〈나그네〉 〈하관〉

조지훈, 〈승무〉

박두진, 〈해〉

김종삼, 〈누군가 나에게 물었다〉

박남수, 〈할머니 꽃씨를 받으시다〉

김수영, 〈풀〉

조병화, 〈의자〉

김규동, 〈나비와 광장〉

김춘수, 〈꽃〉

구상, 〈초토의 시〉

한하운, 〈파랑새〉

신동집, 〈오렌지〉

김남조, 〈편지〉

김종길, 〈성탄제〉

이형기, 〈낙화〉

천상병, 〈귀천〉

이수복, 〈봄비〉

박재삼, 〈추억에서〉

이성부, 〈봄〉

마종기, 〈바람의 말〉

중학생: 독서 실력이 판가름 나다

강남의 유명 고등학교 교장 선생님을 강연에서 뵌 적이 있다. 그분
의 말씀을 꼭 소개하고 싶다. 교장 선생님의 전공은 수학이다. 그
런데 강연에서 처음부터 강조했고, 여러 번 강조했고, 가장 강조했
던 것은 수학이 아니라 국어였다(이런 충고가 '진짜'라는 것을 아셨으면
좋겠다). 두 자녀가 다 공부를 잘했는데 집에서는 수학이 아니라 국
어를 가장 신경 썼고, 아내에게는 아이들 독서 지도를 당부하고 또
당부했다고 하셨다. 그러면서 하셨던 말씀은 이렇게 요약된다.

'강남 대치동, 도곡동, 역삼동 학생들이 가장 취약한 과목이 국어
다. 그렇지만 가장 중요한 과목도 국어다. 그러므로 어려서부터 독
서를 꾸준히 해야 하고 중학교 1학년까지 가장 염두에 두는 것은
독서여야 한다.'

본인이 보시기에 이렇게 한 아이들이 고등학교에 와서도 공부
잘하더라는 말씀이었다.

학교에서는 다 알고 있다. 국어가 가장 중요하고, 국어를 잘하면 다른 과목은 어느 정도 따라오게 되어 있고, 그러려면 책을 오랫동안 꾸준히 읽어야 한다는 것을 말이다. 학교 안에서는 다 아는 사실이 이상하게 외부에서는 잘 안 보인다. 정보와 불안이 너무 많아서 그렇다. 너도나도 자기 과목이 중요하고 이것을 공부하지 않으면 당장 숨 넘어간다고 강조해서 그렇다. 그렇지만 모든 과목의 기본은 국어이고, 국어의 기초는 독서다. 시간상, 환경상, 체질상 독서를 하기 어렵다면 독해라도 놓지 말아야 한다.

교장 선생님 말씀에서 틀린 것이 없다. 중학교 1학년까지는 책의 힘을 믿고 책을 읽혀야 한다. 아웃풋이 나오지 않아도 무조건 인풋한다. 이 '믿음 독서'를 엄마가 뚝심을 가지고 아이와 함께 진행해야 한다. 그다음부터는 시간이 없다. 중학교 2학년부터 내신 시험이 시작되면 책 읽을 시간이 중간과 기말 시험 사이 1개월, 그리고 방학 1개월밖에 없다.

중학교 때부터 수학 진도 빼고 심화 '블랙라벨' 잡고 '수학의 정석'에 고등 미적분 문제집까지 몇 번 돌리는 경우가 많다. 나는 그것이 가능한지, 아이에게 좋은지 평가할 자격이 없다. 그런데 수학을 공부하느라 국어를 버린다? 수학만 공부하면 대학 가니까 독서는 포기한다? 이런 선택을 하는 부모에게는 걱정의 말씀을 드릴 수밖에 없다. 아이에게는 입시만 있는 것이 아니라 그 이후의 삶도 있고, 입시를 생각한다고 해도 국어는 결정력 있는 과목이라는 것을 기억해주셨으면 좋겠다.

이에 동의하는 부모에게 중학교에서 주력할 내용을 알려드리자면 우선 '속독' 능력 향상에 신경 써야 한다. 속독이 필요한 것은 앞으로 문제를 풀 때, 특히 고등학교에 가서 모의고사를 볼 때 국어 영역 시간이 절대적으로 부족하기 때문이다. 속독을 하면 개인적으로도 성취감을 느끼게 된다. '나 좀 잘 읽네. 나 벌써 읽었네' 하는 생각을 하면 독서에 자신감이 붙는다. 그리고 요즘 학생들은 여유 시간도 없고, 있다고 해도 새롭게 생긴 친구나 취미(라고 쓰고 게임이라고 읽는다)에 시간을 쓰기 때문에 빠르게 읽기는 그런 아이들을 위한 효과적 독서 방법이다. 시간이 부족한 학생들이 속독마저 하지 않는다면 독서와 더 멀어질 수밖에 없다.

속독도 능력이고, 속독하면 친구들 사이에서도 "와~" 감탄사를 들으며 뻐길 수 있다. 속독을 가능하게 하는 방법이 있다. 눈동자의 움직임이 더욱 빨라지고, 책장을 넘기는 손이 조급해지도록 하는 방법. 그것은 바로 '장르 문학 읽기'다. 개인적으로 나는 굉장히 책을 빨리 읽는 편이고, 주변에도 그런 사람이 몇 있는데 우리의 공통적인 경험이 바로 '장르 문학'에 빠진 적이 있다는 것이다.

장르 문학이란 SF소설, 환상소설, 추리소설, 무협지, 로맨스 소설, 공포 소설이다. 읽다 보면 뒷이야기가 아주 궁금하다. 손에 땀을 쥐게 하거나 박진감 있는 경우도 많다. 다시 말해 다음 문단, 뒷장이 궁금해서 참을 수 없다는 말이다. 그러면 눈동자는 점점 빠르게 이동하게 된다. 궁금하니까, 어서 보고 싶으니까.

이 시기에 환상소설에 빠져 사는 것도 나쁘지 않다. 해리 포터와

나니아에 빠지는 것이 왜 나쁜가. 나니아 시리즈는 시공주니어에서 나온 '네버랜드 클래식'에 포함되어 있다. 이미 고전의 반열에 올랐다는 말이다. C. S. 루이스, 어슐러 K. 르 귄, J. R. R. 톨킨 등 3인방의 환상소설을 추천한다.

아이가 SF를 읽는다면 더 환영이다. 중·고등학교 아이들에게는 SF를 일부러라도 읽힐 필요가 있다. SF가 공상과학소설이니 '공상', 즉 허무맹랑한 이야기만 가득하다고 생각하는 경우가 있다. 그러나 전혀 그렇지 않다. 똑똑하지 않거나 많이 공부하지 않으면 SF를 못 쓴다. 아이작 아시모프라는 소설가도 본업은 과학자였고 우리나라의 '핫'한 SF 작가 김초엽도 포항공과대학교 석사 과정 졸업자다. SF의 기본은 첨단 과학기술, 미래의 과학기술에 대한 상상, 그리고 인간과 지구는 대체 무엇인가 하는 존재론적 고찰이다. 다시 말해 SF는 상당히 철학적이며 본질적인 문제의식을 전제한다.

SF 중에서 고전적으로는 필립 K. 딕의 《안드로이드는 전기양의 꿈을 꾸는가》(폴라북스), 대중적으로는 앤디 위어의 《마션》(알에이치코리아), 더 대중적으로는 베르나르 베르베르의 소설들, 국내서로는 천선란의 《천 개의 파랑》(허블), 《노랜드》(한겨레출판)와 김초엽의 《우리가 빛의 속도로 갈 수 없다면》(허블), 《지구 끝의 온실》(자이언트북스) 등을 추천한다.

물론 이때 한국의 현대 시와 소설, 고전 시가와 소설도 고루 읽어볼 필요가 있다. 고전은 눈에 안 들어와서 못 읽겠다 싶으면 고전 시가 만화(앞서 추천한 《만화로 읽는 수능 고전시가》)라도 읽어보면 도움이 된다. 학습 면에서는 비문학 지문 읽기와 문제 풀이 연습도 서서히 시작하면 좋다. 이때 문제 푸는 기계가 되는 것은 바람직하지 않다. 문제 풀이 기술은 고등학교 때 연습하자.

속독을 연습하고 장르 문학을 읽히라는 팁 외에 또 하나 유용한 활동을 소개하고 싶다. 개인적으로는 중학교 1학년 무렵에 우리 아들과 꼭 함께 해보고 싶다. 이 활동은 아주 좋은데, 하면 정말 좋은데, 모든 아이가 평균적으로 다 할 수는 없고, 해낼 수 있는 아이와 엄마가 한정되어 있다.

그것은 유발 하라리의 《사피엔스》를 장별로 제본해서 구석기부터 현대까지 차근차근 함께 읽어보는 것이다. 《사피엔스》의 내용이 엄청나게 새롭지는 않지만 읽으면 읽을수록 이상하게 신선하고 재미있다. 보통 이런 종류, 이런 두께의 책은 아이들에게 재미없게 마련이다. 그런데 이 책은 재미있고 유용하다. 저자는 아주 똑똑한 사피엔스임이 틀림없다. 지식과 생각할 거리, 재미와 유용함이 적재적소에 담겼고 글쓰기 선생 입장에서 봐도 잘 쓴 글이다. 번역도 훌륭하다. 《사피엔스》 안에 있는 주옥같은 이야기, 문명과 인간과 사회에 대한 이야기를 아이가 얕게라도 접할 수 있다면 '시야'가 탁 트일 수 있다.

물론 어렵다. 그러니까 아이와 어른이 함께 읽고 이야기를 나눠야 한다. 《사피엔스》를 분책해서 초등 고학년이나 중학교 저학년 대상으로 1년간 가르치는 논술 과외나 학원도 있다고 한다. 어른과 읽는다면 《사피엔스》 읽기가 불가능하지는 않다는 말이다. 책을 잘 읽고 그 내용을 이해할 수 있는 아이에 한정해서 중학교 1학년 겨울방학에 《사피엔스》 읽기를 목표로 삼아보라 추천드린다.

중학생의 교양을 확장하는 도서

■ 지식 책

《10대를 위한 정의란 무엇인가》(마이클 샌델 원저, 신현주 글, 미래엔아이세움)

《10대에게 권하는 문자 이야기》(연세대 인문학연구원 HK문자연구사업단, 글담출판)

《20세기 기술의 문화사》(김명진, 궁리)

《김영란의 열린 법 이야기》(김영란, 풀빛)

《맥루한이 들려주는 미디어 이야기》(강용수, 자음과모음)

《사회 선생님이 들려주는 경제 이야기》(전국사회교사모임 엮음, 인물과사상사)

《생각의 지도》(리처드 니스벳, 최인철 옮김, 김영사)

《세종, 한글로 세상을 바꾸다》(김슬옹, 창비)

《왜 법이 문제일까?》(김희균, 반니)

《인류의 기원》(이상희·윤신영, 사이언스북스)

《정재승의 과학 콘서트》(정재승, 어크로스)

《종의 기원, 자연 선택의 신비를 밝히다》(윤소영, 사계절)

《프레임》(최인철, 21세기북스)

《하리하라의 청소년을 위한 의학 이야기》(이은희, 살림Friends)

《호모 루덴스, 놀이하는 인간을 꿈꾸다》(노명우, 사계절)

- **고전 명작(문학)**

  《1984》(조지 오웰, 정회성 옮김, 민음사)

  《걸리버 여행기》(조너선 스위프트, 이종인 옮김, 현대지성)

  《동물농장》(조지 오웰, 신동운 옮김, 스타북스)

  《드라큘라》(브램 스토커, 이세욱 옮김, 열린책들)

  《지킬 박사와 하이드 씨》(로버트 루이스 스티븐슨, 박광규 옮김, 비룡소)

  《투명인간》(허버트 조지 웰즈, 임종기 옮김, 문예출판사)

  《프랑켄슈타인》(메리 셸리, 오수원 옮김, 현대지성)

중학교에 들어가서 꼭 점검해봐야 할 것은 아이가 '고사성어, 사자성어, 속담'을 얼마나 알고 있느냐 하는 것이다. 중등 학원에서는 고사성어와 사자성어를 몇백 개씩 제공하면서 암기 시험을 치르는 곳이 많다. 아예 입학 테스트 자체를 성어와 속담으로 하는 학원도 많다. 그만큼 중요하다는 말이다. 이제 한자를 한 글자 한 글자 익히는 시기는 지났고, 고사성어의 배경과 쓰임을 익혀야 할 때다. 중학교 들어간 우리 아이가 고사성어에 맹꽁이라면 서둘러서 반복 학습에 들어가야 한다. 이 분야에 관련해서는 의외로 재미있는 만화책, 학습서가 많다.

책 못 읽는 아이에게는 독서로 받아들일 내용을 다른 매체를 통해 머릿속에 입력하게끔 하는 방법도 있다. 이 방법은 바람직하지는 않지만 아무것도 안 하는 것보다는 낫다고 생각한다. 차량으로 이동하는 시간, 식사 시간, 거실에서 한가하게 앉아 있는 시간에 주

재미와 지식, 일거양득의 유튜브 채널

- 사피엔스 스튜디오(www.youtube.com/@sapiens_studio)
  〈요즘책방: 책 읽어드립니다〉〈어쩌다 어른〉 제작진이 만든 지식 채널이다. 최재천의 '다윈 읽어드립니다' 영상을 추천한다. 듣기만 해도《종의 기원》을 재미있게 배울 수 있다.

- 지식채널e(www.youtube.com/@ebs_jisike)
  5분 안에 상식을 쌓고 교양을 넓혀주는 영상이 가득하다. 숏폼에 익숙한 아이들이 처음 접하는 교양 채널로 좋다.

- 서울대 지식교양 강연 – 생각의 열쇠(tv.naver.com/snulectures)
  서울대학교와 네이버가 합작해 '천 개의 키워드'로 교양 강연을 기획했다. 깊이 있고 수준 높은 강의를 쉽게 들을 수 있다. 주제가 단원 김홍도, 그리스, 인류, 종교 등 매우 다양하므로 골라 듣기에 좋다.

요 도서와 사상을 압축·정리해놓은 영상을 엄마가 보는 척 틀어놓는다. 오가면서 아이 귀에 들리는 바가 있을 것이다. 아이는 '아닌데, 그거 재미없는데' 하면서 듣기 시작하다가 듣다 보면 '어머나, 이게 이렇게나 재미있는 거였어?'로 태도가 바뀐다.

쉽고 흥미로운 심리학 강의도 추천한다. 행복, 사이코패스, 인간관계, 회복 등을 주제로 한 강의를 듣다 보면 심리학 실험도 알게 되고 인간 본성에 대해서도 배우게 된다.

사실 이 시기에는 추천 도서도, 독서 팁도 눈에 들어오지 않는 엄마가 많을 것이다. 정보가 눈에 들어오기는커녕 눈에서 눈물만 나오는 엄마가 태반이다. 독서가 무슨 소용이냐, 속만 안 썩여도 좋겠다 싶은 때가 이때다. 그러나 사춘기 아이는 부메랑과 같다. 안 돌아올 것 같지만 결국은 돌아온다(고 믿어야 한다).

믿는 자가 할 일은 망부석처럼 묵묵히 자리를 지키는 것이다. 이 시기에 아이가 책을 안 읽고, 집에 안 들어오고, 부모를 미워한다면 입을 닫고 책을 열자. 아이가 방문을 쾅 닫고 들어가든, 돼지우리 같은 방에서 도통 나오지 않든, 연락도 받지 않고 밤늦게 들어오든, 부모는 잘 보이는 식탁에 고요히 책을 펴고 앉아 있자. 그 책이 읽히든 눈물받이가 되든, 불경이든 성경이든 심리학 책이든 '자식 필요 없고 노후나 준비하자'라고 이야기하는 책이든, 펴고 앉아 있자. 돌아올 것을 믿고 있으면 아이는 결국 돌아온다. 독서 교육은 믿음으로 행해야 한다.

고등학생: 치밀한 독서 전략이 전부다

고등학생을 위한 독서법은 '없다'. 이 시기 학생에게 하는 독서가의 충고는 아주 간단하다. "시간이 없으므로 짬이 날 때 읽는다. 짬이 없으면 짬을 내서 읽는다." 그런데 그것이 가능한가? 가능하지 않다. 현실적으로 그렇다.

발등에 불이 떨어졌다, 내신 등급이 최저선에 간당간당해서 책을 읽을 심적 여력이 없다, 독서가 아니라 문제 풀이, 독해 먼저 해야 한다는 아이가 태반인데 "짬을 내 열심히 읽으렴"이란 말이 얼마나 허황되게 들리겠는가? 수행평가에 내신에 암기에 정리에 잘 시간도 없다. 아이들의 일정은 모의고사와 내신에 맞춰져 있으므로 여기에 독서가 들어갈 자리는 거의 없다고 봐야 한다.

물론 학교 차원에서 수행평가의 중심을 독서에 맞춘 경우는 예외다. 다른 예외도 있다. 서울대학교에서 만난 학생 중에는 공부하다가 머리를 식히기 위해 책을 읽었다는 이들도 제법 되었다. 대중소설, 장르 소설을 읽었다는 학생도 있었고 시집을 읽었다는 학생도 있었다. 실제로 감수성이 풍부할 때라서 시를 읽고 싶어 하는 고등학생들이 있다. 시간은 없고 책은 읽고 싶다면 시집 읽기도 좋은 방법이다. 이럴 때 좋은 시만 모아놓은 앤솔로지를 추천한다. 《슬픔 없는 나라로 너희는 가서》(김사인, 문학동네), 《어쩌면 별들이 너의 슬픔을 가져갈지도 몰라》(김용택, 위즈덤하우스), 《가슴속엔 조그만 사랑이 반짝이누나》(나태주, 알에이치코리아)가 좋다.

한국의 고등학생은 수험생이다. 수험생은 책 읽을 시간이 적으므로 책을 전략적으로 선별해 읽을 수밖에 없다. 학생부의 세특 작성, 입시와 면접을 생각해 책을 고르고, 발췌해서 집약적으로 읽는다. 좋아서 읽는 시기는 끝났고 필요해서 읽는 시기가 되었다.

어떤 전공, 어떤 계열을 선택하겠다고 방향을 정했으면 고등 1학년부터는 그 계열의 추천 도서 그리고 사회적으로나 시대적으로 의미 있는 책을 2:1 비율로 선정해서 읽는다. 읽고 까먹으면 활용하지 못할 수 있으니 서지 사항과 중요 내용은 발췌해둔다. 아이의 전공이 결정되었든 결정되지 않았든 부모는 좋은 책, 정평이 난 책, 도움이 될 책을 찾고 구해다주는 역할을 할 수 있다. 읽을 책은 정해졌는데 읽을 시간이 없다, 부모님이 읽기에도 어렵다 싶으면 그 책에 대한 좋은 서평을 구해다주는 것으로 대신할 수도 있다.

다시 말해 이 시기는 '전공 적합성을 강화하기 위한 전략적 선별 독서 시기'이다. 선별 독서에 도움을 주고자 부록에 서울대학교 전공별 입학생의 추천 도서를 모아두었다. 실제로 대학교 입시에 성공한 학생들이 직접 추천한 책들이므로 신뢰할 수 있는 목록이다. 바쁜 고등학생들의 시간을 아껴주고 학생들이 진로를 현명하게 선택하는 데 도움이 되길 바란다.

신문 기사보다
책을 읽는 것이 좋은 이유

중학교 때 아버지는 신문 기사를 오려 스케치북에 붙여주셨다. 주로 논설을 붙이셨는데 사실 전혀 도움이 되지 않았다. 무슨 말인지 하나도 이해되지 않았기 때문이다. 아버지는 헛고생하신 셈이다.

물론 어리석은 나만 신문 기사 읽기에 실패했을 수도 있다. 하지만 제법 경험 있는 부모가 된 지금 나는 주변 아이들과 내 아이에게 신문 기사 읽기를 무조건 추천하지는 않는다. 내가 어린 시절 실패했기 때문이 아니다. 어른인 나도 실패했기 때문이다. 부모는 미련이 많아서 아이들 키우면서 신문 기사 읽기를 여러 번 시도해봤다. 하지만 우리 집 아이는 물론 옆집 아이, 건넛집 아이, 그 아이의 친구 등 모두가 성공하지 못했다. 물론 기사를 꾸준히 읽으면 좋다. 블로그에서 간혹 성공 사례도 볼 수 있다. 그러나 모든 이에게 좋은 약은 없는 법. 신문 기사 읽기에 자원을 투자할 것인지는 아이의 성향과 수준을 보고 선택하길 바란다.

아이가 읽기 적당한 어린이 기사도 있고, 일반 신문에도 쉬운 기사가 있다. 그런데 신문 기사라는 것은 사회, 경제, 정치에 관심이 있고 배경지식도 있어야 이해가 된다. 한정된 지면에 내용을 압축해서 싣다 보니 단어도 꽤 고급이다. 다시 말해 개념적이고 추상적이다. 과거 중학생인 나는 현실 경제도, 작금의 정치 상황도 이해할 수 없는 순진한 뇌의 소유자였다. 중학생이 알고 있는 것은 현실이 아니라 역사와 문명사에 가깝다.

신문 기사 읽기는 딱딱한 지식 전달문에 질리지 않을 아이, 지적 능력도 있고 현실에 관심도 있는 아이일 경우 효과를 볼 수 있다. 어른들 말투에 익숙해지고, 돌아가는 정세를 파악하는 데는 도움이 된다. 그러나 문해력, 독해력을 빨리 늘리려는 아이는 우선 책 읽기부터 충분히 수행해야 한다. 중간 수준의 아이에게 비슷한 시간이 주어진다면, 나는 그 시간에 신문 읽기보다 수준에 맞는 책 1권 읽기를 추천한다.

만약 수능 비문학 성적을 올리기 위해 기사문처럼 짧은 지식 전달문을 읽고 내용을 요약하고 싶다면 좀 더 재미있는 방법도 있다. 초등학생의 경우 잡지를 정기 구독하거나 1~2년 전에 나온 중고 잡지를 구입해서 읽힌다. 〈어린이과학동아〉 〈위즈키즈〉 〈우등생논술〉을 추천한다. 중학생의 경우에는 〈중학 독서평설〉을 추천한다. 〈독서평설〉이 아직까지 살아남은 이유가 있다. '지대넓얕'을 기르기에 매우 효과적이기 때문이다.

평화의 팁! 잡지를 구독했을 때 아이가 두어 달 동안 포장 비닐도 뜯지 않는다면 화를 내지 말고 구독을 해지하면 된다. 매달 잡지를 달달 외기를 바라서도 안 된다. 아이가 주요 기사를 읽고 내용 파악을 간략히 하는 눈치라면 큰 성공이다.

서울대학교 학생이 직접 꼽은
중·고등 추천 도서

1. 전체적으로 목록을 확인할 것을 추천한다. 그 과정에서 '우리 아이만의 책 목록'을 구성한다. 남들이 많이 써먹은 책은 '비밀 병기'가 될 수 없다. 남들이 안 읽었지만 좋은 책이 나의 경쟁력이 된다. 재레드 다이아몬드, 마이클 샌델, 칼 세이건의 책은 한국에서 너무 많이 소비되었다. 무슨 내용인지 알아두되 독서 목록의 핵심 도서로 삼지 말자.

2. 부록은 중학생과 고등학생 모두 읽기 쉬운 기본서와 고등학생을 위한 전공별 추천 도서로 구성되어 있다. 읽기에 익숙하지 않으면 기본서로 시작한다. 잘 읽는 중학생은 고등학생용 추천 도서를 접해도 좋다.

3. 각 목록은 다시 추천 도서와 심화 도서, 기타 도서로 나누었다.

도서마다 도서 소개 혹은 서울대학교 학생의 추천사를 덧붙였다.

4. 고등학생용 추천 도서는 단과대학별로 구분되어 있으므로 희망 전공에 따라 확인한다. 희망 전공이 화학과라면 화학 관련 책뿐 아니라 자연대학 추천 도서를 두루 볼 수 있다. 인문대학과 사회 대학 추천 도서는 희망 전공 상관없이 읽으면 좋다.

5. 아이에게 어떤 책을 읽히기 위해서 선생과 부모도 그 책을 알아 둘 필요가 있다. 누가, 왜, 어떻게 그 책을 썼는지 머리말과 차례, 출판사 소개, 추천인을 살펴보자. 물론 책 자체를 같이 읽으면 더 좋다.

6. 목록에는 절판된 책도 포함되어 있다. 좋은 책 중에도 잘 안 팔리는 책이 많고, 안 팔리면 절판될 수밖에 없다. 절판이라는 난관을 극복하고 도서관에서 책을 찾아 읽는 집요함은 아이에게 좋은 경험을 안겨주며, 아이가 입시 때 본인의 장점으로 내세울 수 있다.

중학생과 고등학생 모두 읽기 쉬운 기본서

- **《모모》**(미하엘 엔데, 한미희 옮김, 비룡소)

  "자신의 미래 목표만을 위해 현재의 소중한 시간을 버린다는 현대인의 측면을 잘 드러낸 책."

  초등학생, 중학생, 고등학생은 물론 어른이 된 이후 어느 시점에서든 읽으면 좋은 책이다. 아이들이 읽으면 분명히 느끼는 바가 있을 책이고, 알아두면 좋을 기본서다.

- **《사피엔스》**(유발 하라리, 조현욱 옮김, 김영사)

  "책 잘 읽는 중학생부터 고등학생, 대학생에게까지 강력 추천하는 필독서."

  우리 아들이 중학생이 되었을 때 단 1권만 읽는다면 이 책을 추천할 것이다. 문명, 인간, 역사, 세계 관련 내용이 골고루 들어 있어 큰 그림을 그리기에 좋다. 읽고 나서 반응이 좋았다면 후속작인 《호모 데우스》까지 도전할 것.

- **《선량한 차별주의자》**(김지혜, 창비)

  "우리가 당연히 옳다고 믿던 것이 틀릴 수도 있다는 사실을 깨달았다."

  사회학이나 현대 사회에 관심 있는 학생에게 추천한다. 특히 사회대학에 지원하려는 학생이라면 꼭 읽어야 할 책이다. 우리 사회의 '차별'에 대해 깊이 생각할 수 있다. 내용이 어렵지 않고 다양한 사례를 들어 저자와 구체적으로 토의하는 느낌을 받을 수 있다.

- 《수레바퀴 아래서》(헤르만 헤세, 한미희 옮김, 문학동네)

  "한국의 교육 실태가 왜 여기 나와 있지, 생각하면서 봤다."

  헤르만 헤세의 책은 정말 버릴 것이 없다. 그중에서 하나를 고른다면 《수레바퀴 아래서》다. 짧아서 금방 읽을 수 있고, 인간의 삶에 대해 생각하게 되는 부분이 많다. 게다가 소설 주인공이 학생이라서 학생들이 읽으면 쉽게 공감할 수 있다.

- 《오주석의 한국의 미 특강》(오주석, 푸른역사)

  "서양 예술뿐 아니라 동양 예술, 특히 우리나라 예술에도 훌륭한 예술적 측면이 있다는 점을 알게 된다."

  중·고등학교 6년 중 어느 때 읽어도 좋은 책이다. 미술대학 입시를 준비하는 학생에게도 좋지만 이과생이 읽기에 더 좋다. 수능 예술 분야 지문을 읽을 때도 도움을 받을 수 있다.

- 《왜 세계의 절반은 굶주리는가》(장 지글러, 유영미 옮김, 갈라파고스)

  "빈곤과 기아에 관한 최고의 책."

  유명세가 상당한 책이지만 겁먹을 필요는 없다. 주제는 무겁지만 200쪽 조금 넘는 분량에 잘 읽힌다. 중학생 때 이 책을 읽어두고 고등학생 때 이보다 한 단계 더 전문적인 책을 접하면 좋다.

- 《최재천의 인간과 동물》(최재천, 궁리)

  "전문적인 생물학 지식을 접할 수 있는 다윈 전문가의 책."

  출판계에서 최재천의 이름은 일종의 보증수표다. 실제로 이 책은 많은 학원에서 읽기 자료로 선택하는 책이기도 하다. 유튜브 강연을 먼저 보고 읽으면 더 좋다. 〈사피엔스 스튜디오〉의 영상이 상당히 유익하다.

- 《페스트》(알베르 카뮈, 유호식 옮김, 문학동네)

"팬데믹을 경험하거나 아는 세대의 필독서."

알베르 카뮈의 《이방인》을 읽고 나서 "이게 대체 무슨 소리야?"라며 화내는 아이를 달래느라 진땀 뺀 기억이 있다. 그렇지만 《페스트》는 다르다. 깊이 빠져들어서 읽을 수 있다.

(기타 도서)

- 중·고등용 SF

《우리가 빛의 속도로 갈 수 없다면》(김초엽, 허블)

《지구 끝의 온실》(김초엽, 자이언트북스)

《천 개의 파랑》(천선란, 허블)

- 중·고등용 힐링 소설

《쇼코의 미소》(최은영, 문학동네)

《유진과 유진》(이금이, 밤티)

고등학생을 위한 전공별 추천 도서

0 ▶ 전공 불문 도서

- 《1984》(조지 오웰, 정회성 옮김, 민음사)

  "3대 디스토피아 소설 중 하나."

  명불허전의 고전 명작이다. 너무 유명해서 자신만의 특별한 독서 목록에는 넣기 어렵지만, 목록에 포함시킨다고 해서 누가 비난할 수도 없는 좋은 책이다. 책을 읽기 싫어하는 학생이라면 크리스천 베일 주연의 영화 〈이퀄리브리엄〉부터 보여주는 것이 팁이다.

- 《생각의 지도》(리처드 니스벳, 최인철 옮김, 김영사)

  "동서양의 사고방식 차이를 다룬 심리학 책."

  서울대학교 중앙 도서관 대출 상위권에 올랐던 필독서다. 제목만 보면 지나치게 방대한 내용을 다룰 것 같지만, 생각보다 술술 읽힌다. 특히 동양과 서양의 이분법 구도라서 내용이 명확하게 보인다는 장점이 있다. 독서력이 뛰어난 중학생도 소화할 수 있다.

- 《아픔이 길이 되려면》(김승섭, 동아시아)

  "사회역학이라는 낯선 길을 개척하는 저자의 대단함을 느낄 수 있다."

  국내서를 딱 1권만 추천한다면 고를 책. 조금 두껍지만 시간을 투자해도 아깝지 않을 만큼 장점이 많다. 공동체, 사회 정의, 좋은 사회의 덕목 등에 대해 생각할 수 있다. 학문이 따뜻할 수도 있구나, 세상에는 좋은 어른이 필요하구나 하는 깨달음은 덤이다.

- **《이기적 유전자》**(리처드 도킨스, 홍영남·이상일 옮김, 을유문화사)

  "진화생물학자 리처드 도킨스의 대표작."

  워낙 유명한 책이어서 비밀 병기로 삼지는 못하지만 유명세가 대단한 만큼 내용을 파악해둘 필요가 있다. 내용이 난해하지 않기 때문에 읽는 데 시간도 오래 걸리지 않는다. 비문학 지문 독해 연습이라고 생각하고 읽어보길 추천한다.

- **《총 균 쇠》**(재레드 다이아몬드, 강주헌 옮김, 김영사)

  "인간이 아닌 총, 균, 쇠를 중심으로 전 세계 역사를 서술한다는 점이 새롭다."

  서울대학교에 들어가는 학생은 꼭 읽었다는 이야기가 도는 책. 사실은 서울대학교 중앙 도서관 대출 1위여서 그렇게 홍보된 것이지만, 그렇지 않더라도 분명 좋은 책이다. 유발 하라리의 《사피엔스》같이 문명사에 대해 총체적으로 고찰한다. 독서 수준이 높은 중학생도 도전할 수 있다.

- **《침묵의 봄》**(레이첼 카슨, 김은령 옮김, 에코리브르)

  "연구자로서 환경을 지키기 위해 가져야 할 마음가짐에 대해 생각해보는 계기가 되었다."

  《침묵의 봄》은 살충제로 생태계가 파괴되면 그 결과는 결국 인간에게 돌아올 수밖에 없다는 사실을 알려준다. 출간 당시부터 지금까지 사회에 강력한 영향력을 행사하고 있는 책이다. 출간 당시의 사회적 상황과 이 책에 대한 반응 등 내용 외적인 사실도 함께 확인하자.

- 《홍성욱의 STS, 과학을 경청하다》(홍성욱, 동아시아)

"과학기술이 이끌어갈 새로운 시대를 어떻게 맞이할지에 대한 통찰을 얻을 수 있다."

국내서를 딱 2권만 추천하라고 한다면《아픔이 길이 되려면》과 함께 고를 책. 전문성과 대중성을 모두 갖춘 과학책을 대라고 하면 대부분《정재승의 과학 콘서트》를 떠올리는데, 이제 홍성욱의 시대가 왔다.

(심화 도서)

- 《프로테스탄트 윤리와 자본주의 정신》(막스 베버, 박문재 옮김, 현대지성)

고전이라면 구식이라고 생각할지 모르지만 이 책은 아니다. 우리가 사는 이 세상은 누가 뭐래도 '자본의, 자본에 의한, 자본적인' 자본주의 세상인데, 이 근대 자본주의를 아주 탄탄하게 설명해놓았다. 주의사항: 명저가 대개 그렇듯 읽기가 쉽지 않다. 따라서 방학 때 작심하고 책을 읽어야 하고, 다 이해하지 못해도 좌절하지 말아야 한다.

1 ▶ 경영대학 지망

- 《구글은 어떻게 일하는가》(에릭 슈미트 외, 박병화 옮김, 김영사)

"세계적 기업 구글의 성장 요인과 차별화 전략을 알 수 있는 책"

구글에 취업하고 싶어서라기보다는 선구적 조직의 장점에 대해 알아본다는 마음으로 읽어야 한다. 이 책을 통해 사회생활을 간접적으로 경험할 수 있고 회사의 본질에 대해 생각해볼 수 있다.

■ 《규칙 없음》(리드 헤이스팅스 · 에린 마이어, 이경남 옮김, 알에이치코리아)

"혁신적 경영이란 무엇인지 고민해보는 기회를 가질 수 있었다."

'이런 철학을 가지고 기업을 경영했을 때 과연 정상적으로 수익을 창출할 수 있을까' 라는 의문이 들 정도로 충격적이고 혁신적인 철학과 생각이 많이 담겨 있다. 경영인으로서 가질 만한 철학은 무엇인지 곰곰이 생각해보는 계기가 될 수 있다.

■ 《오리지널스》(애덤 그랜트, 홍지수 옮김, 한국경제신문사)

"창의성을 중시하는 학생에게 추천하고 싶다."

세상을 바꾸는 혁신 제품이 어떻게 탄생했는지 다룬 책. 쉽게 읽을 수 있는 책이고 내용도 상당히 흥미롭다. 경영 관련 책은 유독 유행을 타는 편이지만 창의력이 힘이 된다는 것은 유행을 타지 않을 교훈이다.

■ 《제로 투 원: 스탠퍼드대학교 스타트업 최고 명강의》(피터 틸 · 블레이크 매스터스, 이지연 옮김, 한국경제신문사)

"경영, 특히 스타트업 분야에 특별한 관심을 가진 학생을 위한 책."

경영은 변화무쌍한 영역이기 때문에 경영서 역시 계속 새롭게 업데이트되는데, 이 책은 트렌드를 알기에 적합하다. 특히 '창조적 독점 기업' 창업을 꿈꾸는 젊은 청춘에게 상당히 매력적으로 다가올 책이다.

■ 《초우량 기업의 조건》(톰 피터스 · 로버트 워터맨, 이동현 옮김, 더난출판사)

"경영 구루 톰 피터스의 대표작이자 미국에서 인정받은 경영계의
바이블."

경영학부를 지망한다면 '잘나가는 기업이 왜 잘나가게 되었는지'
관심을 가져야 한다. 이보다 나중에 출간된 《탁월한 기업의 조건》
도 괜찮지만 우선 이 책을 읽어볼 것을 추천한다. '경영 꿈나무'의
독서 목록 맨 위에 있어야 할 책이다.

- 〈하버드 비즈니스 리뷰〉(동아일보)

"하버드 경영대학원에서 창간한 경영학 저널이자 매거진."

〈하버드 비즈니스 리뷰〉는 심층 기사, 시사 논설, 트렌드 보고서로
이뤄졌으며, 다양한 현재 기업 사례를 다루어 학생과 경영자뿐 아
니라 일반인도 자주 찾는다. 다 볼 필요 없고 관심 있는 사례 중심으
로 살펴보면 된다. 온라인(www.hbrkorea.com)으로 한국어판을 구독
할 수 있다.

- 《홀로 성장하는 시대는 끝났다》(이소영, 더메이커)

"고등학교 때 가장 영향력 있는 멘토가 되어준 책. 이 책을 읽고 리더는
함께 성장하기 위해 노력해야 한다는 사실을 깨달았다."

〈세바시〉의 저자 강연을 먼저 보고 읽으면 좋다. 새로운 시대에 등
장할 새로운 공동체에는 이전과 다른 리더십이 필요하다는 지적이
감동적이다. 앞으로 우리 아이들이 공부를 하고 자질을 함양할 때
추구해야 할 방향에 대해 부모들도 배울 만한 점이 있다.

- 《조선의 킹메이커》(박기현, 위즈덤하우스)

  왕을 보좌해 500년 조선 경영을 주도했던 10인의 참모들 이야기. 경영학이라고 해서 현대 기업만 다루라는 법은 없다. 리더십 형성에 관한 한국적이며 역사적인 사례를 찾을 때 이 책은 좋은 참고서가 될 것이다. 단, 역사적 지식이 없으면 읽기 힘들다.

- 《키로파에디아》(크세노폰, 이은종 옮김, 주영사)

  고대 그리스의 키루스 대왕이 어떻게 리더가 되었는지 그 과정을 다룬 책이다. 이상적인 리더를 제시하고 예찬하는 대부분 리더십 서적과는 다르게 실패나 배신 등 부정적인 사건을 통해서도 가르침을 준다. 때로는 고전에서 본질을 찾을 때가 있다. 쉽지 않고 호불호가 갈릴 수 있지만, 이색적인 책을 읽고 싶을 때 추천한다.

기타 도서

- 《아웃라이어》(말콤 글래드웰, 노정태 옮김, 김영사)

  사회적으로 성공한 사람들의 특징을 분석한 책으로 상당히 유명하다.

- 《데일 카네기 인간관계론》(데일 카네기, 임상훈 옮김, 현대지성)

  최근 상당히 많은 서울대학교 학생들이 자소서에 넣은 책이다. 사회적 인간관계를 매끄럽게 만드는 방법 등이 담겨 있다.

- 《자본주의 대전환》(리베카 헨더슨, 임상훈 옮김, 어크로스)

  ESG라는 개념을 잘 파악하게 되었다고 자부할 정도로 도움을 많이 받을 수 있을 것이다.

■ 《83일 – 어느 방사선 피폭 환자 치료의 기록》(NHK 도카이무라 임계 사고 취재반 · 이와모토 히로시, 신정원 옮김, 뿌리와이파리)

"인간의 실수와 탐욕으로 일어난 원자력 사고의 위험성을 일깨워 주는 책."

일본의 다큐멘터리를 바탕으로 만들었다. 원자력 임계 사고 후 환자가 생존했던 83일간의 의료 기록과 고뇌하는 의료진, 희망을 잃지 않는 가족의 이야기가 잘 어우러져 있다. 원자핵공학부 지망생에게 강력하게 추천하고, 사회와 에너지에 관심이 있는 모든 이에게 추천한다. 단, 심약한 이에게는 추천하지 않는다. 안타깝게도 절판인데 원가 1만 2,000원짜리 책이 10만 원 가까이에 거래되고 있다. 그만큼 가치 있다는 말이다.

■ 《AI는 인문학을 먹고 산다》(한지우, 미디어숲)

"AI 시대에 인문학은 필요 없을 거라고 생각했지만 이 책을 통해 그렇지 않다는 것을 알게 되었다."

저자는 앞으로의 인공지능 시대를 주도하는 것은 인문학적 소양을 갖춘 '인문쟁이(Fuzzy)'라고 말한다. 인문학적 통찰의 주요성을 다룬 책.

■ 《건축학개론 기억의 공간》(구승회, 북하우스)

"입시를 준비하며 읽은 건축 도서 중 가장 흥미롭다고 느낀 책."

영화 〈건축학개론〉에 직접 참여한 건축가의 작업과 생각을 담은 책.

도시건설학부, 건축학부, 산업공학부 지망생에게 추천한다. 직업으로서의 건축은 어떤지 실질적으로 느낄 수 있다. 실제 사례를 적극적으로 활용하고 사진도 많이 실어 읽기에도 편하다.

- 《공학의 눈으로 미래를 설계하라》(연세대학교 공과대학, 해냄)

  "공대를 꿈꾸는 사람이면 이 책을 꼭 읽어봐야 한다."

  연세대학교 교수 22인의 공학 입문서. 공학의 가치를 이해하고 공학자가 되겠다는 목표를 세우는 데 큰 도움이 된다.

- 《기술 중독 사회》(켄타로 토야마, 전성민 옮김, 유아이북스)

  "기술만능주의에 빠진 안일한 현대사회를 비판하는 책."

  과학기술이 인간에게 어떠한 효용과 부작용을 미치는지 제대로 분석하지 않는 작금의 행태를 비판하는 책이다. 저자는 컴퓨터공학자로, 책에 녹아 있는 저자의 경험이 인상 깊다.

- 《나, 건축가 안도 다다오》(안도 다다오, 이규원 옮김, 안그라픽스)

  "독특한 건축가 안도 다다오의 자서전."

  도시건설학부, 건축학부, 산업공학부 지망생에게 추천한다. 안도 다다오는 권투 선수로 활동하다 독학으로 건축을 시작한 굉장히 특이한 이력의 건축가다. 그의 건축물 역시 독특한 것으로 유명하다. 좌충우돌 역경을 극복하면서 자신만의 건축 미학을 발견하는 과정을 흥미롭게 그려냈다.

- 《다윈의 물고기》(존 롱, 노승영 옮김, 플루토)

  "로봇공학에 대해 이렇게 재미있게 쓴 책은 찾기 쉽지 않다."

  '해양생물학자가 쓴 로봇공학 책'이라는 설명이 달려 있다. 저자가 만든 로봇 물고기가 진화하는 과정을 서술하는데, 읽다 보면 어느 새 로봇 물고기의 성공을 응원하고 있는 나를 발견하게 된다. 독서 목록에 넣으면 기계공학에 대한 전공 적합성을 보여줄 수 있다.

- 《도시는 무엇으로 사는가》(유현준, 을유문화사)

"인문학적 시각에서 도시를 바라본다는 점이 신선하다. 도시를 바라보는 시야를 넓힐 수 있었다."

도시 건축에 관한 교양서적. 도시건설학부, 건축학부, 산업공학부 지망생에게 추천한다. 요즘 서울대학교 학생이 많이 읽는 책이다. 우리 도시의 이야기를 사진과 함께 쉽게 풀어냈기 때문에 접근성이 좋다.

- 《도시와 교통》(정병두, 크레파스북)

"교통의 현재와 미래에 대해 자세히 다루고 있어 진로를 결정하는 데 도움을 받을 수 있었다."

강력하게 추천한다. '사람과 환경이 함께하는 지속 가능 교통'이 부제인데 그 지향성이 무척 바람직하다. 재미도 있고, 읽으면서 트램 등 다양한 교통수단의 형태와 현황도 덤으로 알 수 있다. 도시건설학부, 건축학부, 산업공학부 지망생에게 추천한다.

- 《떨림과 울림》(김상욱, 동아시아)

"과학을 전공하는 이가 인문학적 소양을 겸비하면 대중에게 과학 지식을 보다 쉽게 전할 수 있음을 깨닫게 해주었다."

물리학의 개념들을 일상에 빗대어 새롭게 설명한다. 김상욱의 책은 글쓰기 교재로 활용할 만큼 잘 쓴 글로 읽기에도 좋다.

- 《마음의 오류들》(에릭 R. 캔델, 이한음 옮김, 알에이치코리아)

  "인간에게 자유의지가 있음을 과학적으로 증명해주는 부분을 읽고 주체적으로 내 인생을 만들어가야겠다는 깨달음을 얻었다."

  자폐증, 우울증, 조현병 등이 마음의 문제가 아니라 '고장난 뇌'와 관련이 있다고 이야기하는 책. 뇌 과학과 심리학에 관심 있는 학생들에게 추천한다.

- 《반도체의 미래》(수재 킹류 외, 이음)

  "최신 반도체 기술의 동향과 전망이 매우 자세히 적혀 있어서 탐구 활동을 할 때 자주 활용했다."

  반도체의 미래에 관한 심도 있는 강연과 토론이 1권으로 묶여 나왔다. 재료공학에 관심 있는 학생들에게 추천한다.

- 《사회적 원자》(마크 뷰캐넌, 김희봉 옮김, 사이언스북스)

  "사회적 현상을 물리학의 시각으로 접근하는 방식이 흥미로웠다."

  사회를 물리학으로 설명한다는 전제가 참신하다. 아주 어렵지는 않지만 사례가 너무 많아 다소 산만하게 느껴질 수도 있다. 저자의 관점이 새롭다는 점에서 추천한다.

- 《세계사를 바꾼 12가지 신소재》(사토 겐타로, 송은애 옮김, 북라이프)

  "신소재공학부에 관심을 가지는 계기가 된 책."

  쉽게 읽을 수 있고 해당 분야의 동향도 알 수 있는 책이다. 신소재공학부, 자원공학부, 재료공학부 등에 지원하는 학생에게 추천한다.

- 《오토노미 제2의 이동 혁명》(로렌스 번스 · 크리스토퍼 슐건, 김현정 옮김, 비즈니스북스)

"자율 주행 자동차에 대해 알아보기 위해 읽기 시작했는데, 오히려 도시 설계와 교통공학 분야에 관심을 가지게 되었다."

공대 지망생이라면 꼭 읽어봐야 할 책. 그중에서도 엔진이나 기계를 다루는 전공이라면 두말하기 입 아프다. 읽다 보면 엔지니어라는 직업에 한층 더 관심이 생길 뿐 아니라, 그 직업을 선택한 자신에게 자부심을 갖게 된다.

- 《처음 읽는 2차전지 이야기》(시다이시 다쿠, 이인호 옮김, 플루토)

  "2차전지를 보다 잘 이해하고, 미래 전지 연구원으로서 수행할 연구 과제를 고심할 수 있었다."

  전지의 탄생부터 전망까지, 원리부터 활용까지 폭넓게 다룬다. 화학생물공학부 지망생에게 추천한다.

- 《왜 로봇의 도덕인가》(웬델 월러치·콜린 알렌, 노태복 옮김, 메디치미디어)

  "이 책을 계기로 인공지능의 윤리적인 측면과 관련해 다양한 토론을 했다."

  영화나 소설에서 꾸준히 제기되어온 로봇의 도덕성 문제는 이제 현실화되고 있다. 인공지능을 비롯한 로봇을 개발할 때 윤리를 어떻게 학습시킬 것인지 다루는 책.

- 《천 개의 태양보다 밝은》(로베르트 융크, 이충호 옮김, 다산북스)

  "원자폭탄의 개발 과정과 그 뒤에 숨겨진 이야기."

  다큐멘터리 형식의 작품이다. 핵과 에너지, 물리학 관련 전공 지망생 또는 과학의 방향성과 윤리 담론에 관심이 있는 학생에게 추천한다. 유명세가 있는 작품이지만 절판되었다.

- 《코스모스》(칼 세이건, 홍승수 옮김, 사이언스북스)

  "과학을 한다는 것이 무엇인지 이해할 수 있다. 인간의 탐구심과 노력에 가슴이 웅장해진다."

  기본서. 이과생은 전공 불문하고 이 책이 무슨 내용을 담고 있는지 대략적으로라도 알고 있는 편이 좋다. 다만 내가 읽은 '유일한 도서'로 삼기에는 적절하지 않다.

- 《패러데이와 맥스웰: 전자기 시대를 연, 물리학의 두 거장》(낸시 포브스 · 배질 마혼, 박찬 · 박술 옮김, 반니)

  "전자기학 발전의 초석을 다진 두 학자의 교류와 인생을 다룬 책."

  마이클 패러데이와 제임스 맥스웰의 삶과 업적을 따라가는 위인전. 물리학을 사랑하는 학생에게 추천한다. 학술적인 책은 아니어서 읽기에 큰 문제는 없을 것이다.

심화 도서

- 《자원위기와 차세대에너지》(김신종, 박영사)

  대학 교재로 자원 위기와 에너지산업의 연관 관계에 대해 잘 설명해주고, 에너지산업의 현황을 다룬다. 고등학생이 읽는다면 일종의 선행이 되겠다. 쉽지는 않다.

기타 도서

- 《공기의 연금술》(토머스 헤이거, 홍경탁 옮김, 반니)

  화학비료 합성법을 발명한 프리츠 하버는 그 기술을 변형해 세계대

전 당시 살상 무기 제작에 사용했다. 그 배경에는 유대인 차별이 만연한 독일에서 유대인으로서 인정받고자 하는 인간적 모순이 있었다. 과학의 양면성을 생각해보고 사건의 이면을 바라보게 하는 책.

- 《과학자처럼 사고하기》(린 마굴리스 · 에드아르도 푼셋, 김선희 옮김, 이루)

  유명한 현대 과학자를 다수 접할 수 있고 그들의 특징과 업적도 1권으로 파악할 수 있어 현대 과학 전체를 아우르기 좋다.

- 《미래를 바꾼 아홉 가지 알고리즘》(존 맥코믹, 민병교 옮김, 에이콘)

  검색엔진, 데이터 압축, 패턴 인식 등 우리가 매일 이용하는 컴퓨터 기술을 쉽고 재미있게 설명한다.

- 《위험한 과학책》(랜들 먼로, 이지연 옮김, 시공사)

  웃기고 재미있는 책이다. '만약 이렇다면?' 등 특이한 가정을 제시하고 그 답을 과학에 기반해서 풀이한다. 그런데 학술적 내용을 중심으로 하는 정통 과학서 스타일에서는 벗어나 있기 때문에 즐거움을 얻기 위해 읽기를 추천한다. 세특이나 면접에서 활용하기에는 입학사정관의 호불호가 갈릴 수 있다.

- 《작은 것이 아름답다》(E. F. 슈마허, 이상호 옮김, 문예출판사)

  인문학과 과학기술이 적절하게 융합되어야 한다는 메시지가 매력적이다.

- 《천 개의 뇌》(제프 호킨스, 이충호 옮김, 이데아)

  뇌 과학과 인공지능에 관심 있는 학생에게 추천한다. 미국에서 상당히 인정받은 책이다.

- 《최초의 3분》(스티븐 와인버그, 신상진 옮김, 양문)

우주가 처음 시작된 3분간의 이야기를 담은 책. 이 책을 읽고 천문학자를 꿈꾸게 될 수도 있다.

- 《컴퓨터과학이 여는 세계》(이광근, 인사이트)

  컴퓨터공학과 지망생에게 추천한다. 컴퓨터의 원리에 대해 기본적이고 중요한 사실을 알 수 있다.

- 《화학의 미스터리》(김성근 외, 반니)

  화학에 대해 관심을 갖게 만드는 화학 탐구서다.

3 ▶ 사회대학 지망

《정의란 무엇인가》《공정하다는 착각》 등 마이클 샌델의 저작은 너무 유명해서 의도적으로 제외했다. 강조하건대, 남들이 안 읽은 책이지만 좋은 책이 나의 경쟁력이 된다.

- 《감정은 어떻게 만들어지는가》(리사 펠드먼 배럿, 최호영 옮김, 생각연구소)

  "분노, 화, 슬픔 등의 감정에 대해 임상과 기타 사례를 바탕으로 상세하게 다룬다."

  감정의 포로가 되기 시작하는 사춘기 학생, 혹은 그런 자녀와 부딪히는 부모가 읽기에 좋다. 그렇지만 번역본이고 전문용어 등 어려운 내용이 섞여 있어 고등학생 추천 도서로 분류했다. 심리학, 사회학, 인간관계와 인간 본질에 관심이 있는 학생이 두루 읽기 좋은 책이다.

- 《강대국 국제정치의 비극》(존 J. 미어샤이머, 이춘근 옮김, 김앤김북스)

  "과거 강대국들의 행동과 현재의 미·중 경쟁을 설득력 있게 설명한다."

  '공격적 현실주의' 관점에서 국제정치를 바라보는 책. 무정부 상태인 국제체제에서의 강대국 패권 전략을 다룬다. 정치학과 지망생에게 추천한다.

- 《개소리는 어떻게 세상을 정복했는가》(제임스 볼, 김선영 옮김, 다산초당)

  "SNS부터 온라인 뉴스까지, 정치부터 경제까지, 언론사부터 개개인까지 폭넓게 큰 그림으로 설명하는 책"

  진실도 거짓도 신경 쓰지 않고 내뱉는 허구의 담론, 개소리(bullshit)를 심층 분석한다. 언론정보학과에 관심이 있는 학생에게 추천한다.

- 《군주론》(니콜로 마키아벨리, 김운찬 옮김, 현대지성)

  "오늘날에도 이러한 통치 방법론이 유효할지 논증해보면 좋을 것이다."

  너무 유명해서 오히려 궁금해지는 책이다. 이 책은 재미로 읽을 수는 없고, 지식을 쌓는 책으로서 접할 만하다. 직접 읽지 않더라도 검색 등을 통해 요약문을 읽거나 전체적인 내용을 알아두길 추천한다.

- 《굿라이프》(최인철, 21세기북스)

  "행복의 정의와 방법에 대해 생각해보는 계기가 된다."

  서울대학교 심리학과 교수의 행복론. 좋은 프레임으로 세상을 바라볼 때 찾아오는 행복과 삶의 가치를 다룬다. 심리학적 지식도 얻을 수 있다.

- 《기후의 힘》(박정재, 바다출판사)

  "'기후학'이라는 색다른 학문을 접할 수 있는 책."

  서울대학교 지리학과 교수의 저작으로, 선사시대부터 근대까지 한
  반도의 역사를 기후의 관점에서 해석한다. 기후 관련 자연대 학과
  나 지리학과 지망생에게 추천한다.

- 《기후 카지노》(윌리엄 노드하우스, 황성원 옮김, 한길사)

  "노벨 경제학상 수상자가 제시하는 환경과 기후 문제 보고서."

  지구온난화가 얼마나 심각한 문제인지, 정부정책은 정말 실효성이
  있는지에 대한 과학적 데이터를 제시한다. 환경문제에 관심 있는
  학생에게 추천한다.

- 《꽃은 많을수록 좋다》(김중미, 창비)

  "꼭 좋은 어른이 되어야지, 하는 생각을 하게 해준 책."

  따뜻한 책이다. 마음속에 따뜻한 책도 하나씩은 있어야 하지 않을
  까? 추천한 학생은 이 책을 통해 자신이 꿈꾸는 아동 돌봄 공동체의
  모습을 그릴 수 있었다고 한다. 사회복지학과 지망생에게 추천한다.

- 《냉정한 이타주의자》(윌리엄 맥어스킬, 전미영 옮김, 부키)

  "이타주의에 대한 새로운 시각을 기를 수 있다."

  무분별한 이타적 행동이 부정적 결과를 낳을 수 있다는 내용으로
  공익활동, 자선 활동, 구호단체에 관심 있는 학생이라면 읽어볼 만
  한 책이다.

- 《다르지만 다르지 않습니다》(류승연, 샘터사)

"지적장애인에 대한 생각을 변화시킨 책."

장애인에 대한 편견을 비판하고 장애인과 비장애인이 함께 어우러
져 살아가야 한다고 주장하는 책이다.

- 《돌봄이 돌보는 세계》(김창엽 외, 동아시아)

"복지에 대한 시각을 비인간종을 비롯한 전 지구로 확대할 수 있었다."

사회학자, 보건학자, 노동 활동가, 상담가 등 다양한 사람들이 '돌
봄'에 대해 논의한다. 사회복지학과 지망생에게 추천한다.

- 《또래 압력은 세상을 어떻게 치유하는가》(티나 로젠버그, 이종호 옮김, 알에이치코
리아)

"공동체에서 또래 압력을 통해 긍정적인 효과를 끌어내는 방법을
생각해볼 수 있었다."

매년 서울대학교 신입생 여러 명이 추천한 책이다. 청소년기를 거
친 누구나 관심을 가질 만한 책인데 아쉽게도 절판이다.

- 《마음의 사회학》(김홍중, 문학동네)

"사회학적 담론과 시대정신, 그리고 문학적 감수성까지 느낄 수
있다."

서울대학교 사회대학 김홍중 교수의 문학·문화 비평서. 김수영과
이상의 시, 하루키의 소설과 홍상수의 영화 등 다양한 작품을 조망
한다.

- 《말이 칼이 될 때》(홍성수, 어크로스)

"사회적인 관점을 반영하게 된 혐오 표현에 대한 문제의식을 느꼈다."

혐오표현은 무엇이고 왜 문제인가? 우리는 혐오 사회를 넘어설 수

있을 것인가? '혐오'라는 사회문제에 관심 있는 학생에게 추천한다.

■ 《모멸감》(김찬호, 문학과지성사)

"모멸감의 학술적인 부분은 물론, 모멸감에 대한 우리 사회와 사람의 자세에 대해서도 생각할 기회를 제공하는 책."

우리의 피부에 상당히 와닿는 책이다. 평소에 감정 노동자의 피로도에 관심이 있거나 '갑질' 사건, '을'들을 향한 폭언이나 무시 등을 다루는 기사에 문제의식을 가졌다면 이 책이 도움이 될 것이다.

■ 《요제프 괴벨스: 프로파간다와 가짜뉴스의 기원을 찾아서》(정철운, 인물과사상사)

"나치의 선동가 요제프 괴벨스의 인생사를 중심으로 전체주의와 언론이라는 주제를 읽기 쉽게 풀어낸다."

책이 두껍지 않고 인물의 생애와 사건을 따라가는 단순한 방식이어서 어렵지 않게 읽을 수 있다. 괴벨스를 알기보다는 우리의 오늘을 반성하는 데 필요한 책이다. 유튜브에 넘쳐나는 가짜 뉴스와 오염된 정보를 우려하고 언론의 진정한 역할과 매체의 힘에 관심 있는 학생들에게 추천한다.

■ 《우리가 선택한 가족》(에이미 블랙스톤, 신소희 옮김, 문학동네)

"사회적 변화 중에서도 가족의 형태 변화에 관심 있는 학생에게 추천하는 책."

미국의 사회학 교수가 미국 사례로 연구한 결과가 한국의 현실과 정확히 맞지 않을 수 있다. 하지만 그것이 큰 문제는 되지 않고, 오히려 한국은 어떤가 생각해볼 수 있는 기회가 된다. 가족은 사회의 가장 작은 단위로서 주목할 만하다. 전체적으로 어렵지 않은 책이다.

- 《이준구 교수의 인간의 경제학》(이준구, 알에이치코리아)

  "행태경제학을 실험, 사례, 흥미진진한 이야기로 풀어낸 책."

  사회대학 중에서도 경제학부를 지망할 경우 추천한다. 이준구 교수는 이 분야에 정통한 인물이다. 이 책을 읽으면 행태경제학뿐만 아니라 휴리스틱, 부존 효과, 사후 확신 편향 등의 개념을 알게 되고 한국 사회의 행태와 문화에 대해서도 배울 수 있다. 어렵지 않은데 깊이까지 확보한 책으로 독자는 조금 힘들이고 많은 것을 얻을 수 있다.

- 《지리의 힘》(팀 마샬, 김미선 옮김, 사이)

  "세계 경제에 영향을 주는 각국의 정치적 입장이 결국 지리에서 비롯된다는 사실을 깨닫게 되었다."

  지리의 힘이 21세기 현대사에 미치는 영향을 파헤치는 책. 전 세계에서 10개의 지역을 뽑아 집중 탐구한다. 지리학과 지망생에게 추천한다.

- 《착취도시, 서울》(이혜미, 글항아리)

  "균형적 국토 발전의 필요성을 느끼게 되었다."

  서울의 주거 빈곤에 관련된 책으로 지리학과 지망생에게 추천한다. 주거 불평등에도 다양한 양상이 있다는 점, 열악한 환경 속에서도 서울에서 생활할 수밖에 없는 요인이 있다는 점 등을 생각해볼 수 있다.

- 《휴먼 네트워크》(매슈 잭슨, 박선진 옮김, 바다출판사)

  "무리 짓고 분열하는 인간 네트워크를 총체적으로 다룬 책."

인간 네트워크의 고유한 특징이 어떻게 개인의 삶과 사회 전체에 영향을 미치는지 추적한다. 현대사회 인간관계의 특징부터 자본시장의 관계까지 두루 살펴볼 수 있다.

심화 도서

■ 《갈등과 소통》(김영임 외, 지식의날개)

대학 교재다. 언론정보학에서 주요하게 다루는 소통, 즉 커뮤니케이션에 대한 실질적 이해를 도모할 수 있다. 다시 말해 전공을 언론과 정보 쪽으로 확실하게 정한 학생이 전공 적합성을 쌓고 싶을 때 집중해서 읽을 만한 책이다.

■ 《예루살렘의 아이히만》(한나 아렌트, 김선욱 옮김, 한길사)

쉽진 않지만 매우 중요한 책이다. '악의 평범성'이라는 키워드를 제시한 기념비적인 책이기도 하다. 대학교 수업에서 다루기도 하는데, 관심 있는 학생이라면 미리 읽어보면 좋다.

■ 《정치학 이해의 길잡이》(한국정치학회, 법문사)

일반 고등학생에게는 어려울 것이다. 단, 정치학을 미리 공부해보고 전공을 결정하고 싶다면 이 책을 접해볼 수는 있다. 절판되었기 때문에 도서관에서 구해 읽어야 한다.

■ 《좁은 회랑》(대런 애쓰모글루, 장경덕 옮김, 시공사)

학생용이라기엔 범위와 깊이가 상당한 책이다. 그러나 경제와 정치 분야의 연구를 집대성한 결과물로 출간 시 거의 모든 일간지에서 추천했을 정도로 그 탁월함을 주목받은 책이기 때문에 공부하는 심정으로 접해볼 수는 있다. 이 책의 일부만 이해해도 성공이다. 정치학 전공에 확신을 가진 학생이 도전 대상으로 삼을 수 있다.

- 《혐오 사회》(카롤린 엠케, 정지인 옮김, 다산초당)

난민과 인권에 대해 관심이 많은 고등학생이 전략적으로 읽고 본인의 독서 목록에 추가하길 추천한다. 혐오 문제를 다룬 저작 중에서도 상당히 강한 논조로 급진적 주장을 펼친다. 장점은 혐오를 소수자, 난민, 인종 문제 등과 함께 다룬다는 것이고 단점은 한국의 문제점인 세대 문제를 다루지 않았다는 것이다. 상당히 어렵고 친절하지도 않으니 각오하고 읽을 것.

- 《힘든 시대를 위한 좋은 경제학》(아비지트 배너지 · 에스테르 뒤플로, 김승진 옮김, 생각의힘)

노벨 경제학상을 받은 저자의 책으로 사회대학 중에서도 경제학부를 지망할 경우 읽기를 고려할 수 있다. 경제학이 수치, 데이터, 통계 등 이론 위주의 학문이라는 오해를 벗기고, 경제학이 사회문제를 극복하는 데 실제로 기여할 수 있음을 강조했다. 살아 있는 학문이란 무엇인가, 살아 있는 경제학은 어떤 것인가 궁금한 학생이나 경제학 전공을 지망하는 학생이 전략적으로 선택할 만한 책이다.

(기타 도서)

- 《미중 패권 경쟁과 한국의 전략》(이춘근, 김앤김북스)

국제 관계에 눈을 뜨게 해주는 책. 정치나 외교 관련 학과 지망생에게 추천한다.

- 《복지정치의 두 얼굴》(강원택 외, 21세기북스)

  한국형 복지 방안과 복지 문제에 대한 해법을 다루는 책. 사회복지학과 지망생에게 추천한다.

- 《불평등한 어린 시절》(아네트 라루, 박상은 옮김, 에코리브르)

  부제가 '부모의 사회적 지위와 불평등의 대물림'이다. 미국 사회의 다양한 가정을 다루고 있지만 한국 사회에 시사하는 바 역시 크다.

- 《상식 밖의 경제학》(댄 애리얼리, 장석훈 옮김, 청림출판)

  전통적 경제학과 달리 '소비자'에 초점을 맞추며 행동경제학적 접근을 시도한다는 점이 흥미롭다.

- 《신뢰 이동》(레이첼 보츠먼, 문희경 옮김, 흐름출판)

  신뢰라는 가치를 기준으로 현실 사회를 체계적으로 분석했다는 점에서 좋은 책이다.

- 《죽은 경제학자의 살아있는 아이디어》(토드 부크홀츠, 류현 옮김, 김영사)

  하버드대학교의 인기 강의를 묶은 경제학 교양서. 경제학과 지망생에게 추천한다.

- 《지방 소멸》(마스다 히로야, 김정환 옮김, 와이즈베리)

  경제학과 지망생에게 추천한다. 지역 경제, 수도권 인구 밀집 문제 등에 관심이 있는 경우 도움이 될 것이다.

- 《티핑 포인트》(말콤 글래드웰, 김규태 옮김, 김영사)

  어떤 말이나 행동, 제품이 폭발적으로 유행하기 시작하는 순간인 '티핑 포인트'에 대한 탐구. 언론정보학 지망생에게 추천한다.

■ **《동물 안의 인간》**(노르베르트 작서, 장윤경 옮김, 문학사상)

"대학의 수의예 전공 교과목에서 참고 도서로 사용하는 책. 미리 읽으면 나쁠 것이 없다."

독일 동물행동학자의 연구 결과물을 담은 책이다. 사실 우리 인간도 동물의 하나인데 인간은 스스로를 동물과 구별해서 생각하곤 한다. 인간을 제외한 동물에게 얼마나 우리 인간과 비슷한 점이 많은지 알 수 있고, 동물에 대한 태도를 다시 생각하게 되는 책이다.

■ **《동물 해방》**(피터 싱어, 김성한 옮김, 연암서가)

"우리가 계속 고민해야 할, 생명을 어떻게 대해야 하는지의 문제를 다룬 책."

반려동물을 키우면서 동물과 함께하는 사회에 대한 관심이 커진 학생, 동물과 생명의 사회학적 의미에 관심이 있는 학생에게 추천한다. 철학 분야에 속하는 책으로서 생명 존중 같은 본질적 가치를 논하면서도 사회학적 이슈를 함께 다루었다. 어렵지 않으면서 재미있는 책이다.

■ **《육식의 종말》**(제레미 리프킨, 신현승 옮김, 시공사)

"육식과 축산업이 환경 파괴에 미치는 영향력을 알려주는 책."

《노동의 종말》《엔트로피》를 쓴 제레미 리프킨의 또 다른 유명한 책. 책에서 저자는 인류가 육식 문화를 극복해야 한다고 주장한다. 어렵지 않다. 단점은 조금 오래되었다는 것.

- 《의사와 수의사가 만나다》(바버라 내터슨 – 호러위츠 · 캐스린 바워스, 이순영 옮김, 모멘토)

  "수의사를 꿈꾸는 고등학생이라면 누구나 읽어보는 책"

  인간과 다른 동물들을 한데 아우르는 새로운 의학적 관점인 '주비쿼티(zoobiquity)'를 흥미진진한 사례를 통해 설명한다.

심화 도서

- 《개미와 공작》(헬레나 크로닌, 홍승효 옮김, 사이언스북스)

  이타주의와 성 선택이라는 진화론의 난제를 해결하기 위한 치열한 논쟁을 집대성한 책. 생물과 진화에 흥미가 있다면 이 책으로 지식 수준을 높이면 좋다. 쉬운 책은 아니지만 해당 전공에서는 상당히 유명하며 최재천 교수가 최고라며 극찬한 책이기도 하다.

- 《다정한 것이 살아남는다》(브라이언 헤어 · 버네사 우즈, 이민아 옮김, 디플롯)

  다정함이라는 덕목이 종의 유지와 번성에 미치는 영향을 다룬 책. 많은 사람이 생물의 기본 원리를 약육강식으로 이해하곤 하는데 이 책은 독자를 그런 통념에서 벗어나게 한다. 뒷부분으로 갈수록 어려워진다는 것이 장벽이다. 사회대학 지망생에게도 추천한다.

기타 도서

- 《굉장한 것들의 세계》(매슈 D. 러플랜트, 하윤숙 옮김, 북트리거)

  사람과 다른 동물의 차이점을 고민한다면 읽어보자. 이 책으로 생물을 대하는 관점이 크게 바뀔 수 있다.

- 《동물의 생각에 관한 생각》(프란스 드 발, 이충호 옮김, 세종서적)

  동물행동학이나 진화론에 관심 있는 학생이라면 누구나 재밌게 읽을 책이다.

- 《매혹하는 식물의 뇌》(스테파노 만쿠소 · 알레산드라 비올라, 양병찬 옮김, 행성B이오스)

  식물의 지능과 감각에 관한 책. 식물생산과학부 지망 학생에게 추천하고 싶다.

- 《생명이란 무엇인가》(폴 너스, 이한음 옮김, 까치)

  노벨 생리의학상 수상자의 책. 생명과학을 물리학적 관점에서 분석했다는 점이 인상 깊다.

- 《식물이라는 우주》(안희경, 시공사)

  식물이 살아가는 방법에 대한 식물학자의 탐구 일지. 산림학과에 관심이 있다면 읽어볼 만한 책이다.

- 《왜 크고 사나운 동물은 희귀한가》(폴 콜린보, 김홍옥 옮김, 에코리브르)

  1978년 저작인데 2018년에 재출간되었다. 인류 문명으로 인한 환경 오염과 생태계 파괴 등에 대해서 상당한 시사점을 던진다.

5 ▶ 의 · 치 · 약대 지망

- 《바이러스 폭풍의 시대》(네이선 울프, 강주헌 옮김, 김영사)

  "저자가 바이러스만 다루는 것이 아니라 여러 사람을 대하고 치료

하며 소통하는 모습이 감명 깊었다.”

'바이러스 헌터'로서 전 세계를 다니면서 바이러스에 대한 지식을 전하는 저자의 책. 바이러스 팬데믹의 기원과 예방법에 대해 이야기한다.

- 《숨결이 바람 될 때》(폴 칼라니티, 이종인 옮김, 흐름)

"의사인 동시에 환자가 된 저자의 공감과 깨달음.”

젊은 나이에 암으로 사망한 한 의사의 자서전. 책에 자신의 삶에 대한 갈망과 사랑, 일에 대한 책임감과 사명감이 잘 녹아 있다.

- 《슈퍼버그》(맷 매카시, 김미정 옮김, 흐름출판)

"항생제 개발 과정이 생생한 소설처럼 담겨 있는 책.”

강력한 항생제로도 치료되지 않는 변이된 박테리아 '슈퍼버그'의 치료법을 찾는 한 의사의 여정. 책을 읽고 나면 항생제 내성 문제와 신약 개발에 관심을 갖게 될 것이다.

- 《우리는 어떻게 죽고 싶은가》(미하엘 데 리더, 이수영 옮김, 학고재)

"의료종사자를 꿈꾸는 학생에게 추천하는 책.”

의학의 목적을 병의 치료가 아닌 환자의 행복에 두어야 함을 강조하고, 일반인이 알기 어려운 현대 의학 기술의 부작용이나 비효율성을 알려준다.

- 《인간은 왜 병에 걸리는가》(R. 네스 · G. 윌리엄스, 최재천 옮김, 사이언스북스)

"다윈 의학이라는 새로운 세계.”

저자는 질병에서 단순히 증상만 보는 것이 아니라 그 질병 자체가 존재하는 이유를 진화적 관점에서 탐구한다.

- 《죽음이란 무엇인가》(셸리 케이건, 박세연 옮김, 웅진지식하우스)

  "죽음과 관련된 철학적, 윤리적 논의와 관점을 굉장히 흥미롭고 균형 있게 다루었다."

  예일대학교 철학과 교수의 강의를 정리한 책. 심리적·종교적 해석 대신 이성과 논리로 죽음을 파헤친다. 한국에서도 '죽음 신드롬'을 불러일으킨 바 있다.

- 《죽음의 수용소에서》(빅터 프랭클, 이시형 옮김, 청아)

  "이 책을 읽고 나서 인간의 존엄성에 대한 회의와 궁금증이 생겼다."

  나치 강제수용소에서 겪은 경험에 대한 자전적인 에세이. 《죽음의 수용소에서》가 흥미로웠다면 헤더 모리스의 《아우슈비츠의 문신가》(북로드)도 추천한다. 인간의 존엄성, 사랑, 인간성에 대해 질문을 많이 남기는 책이다.

6 ▸ 인문대학 지망

무라카미 하루키의 작품은 너무 유명해서 추천 목록에서 제외했다.

- 《고래》(천명관, 문학동네)

  "읽자마자 작가는 천재라는 생각이 든다."

  나왔을 당시에 알 만한 사람들은 다 알고 있던 소설. 분위기도 캐릭터도 전형적이지 않고 흡입력이 대단한 작품이다.

- 《나누어진 하늘》(크리스타 볼프, 전영애 옮김, 민음사)

"거대한 역사와 인간의 선택이라는 주제를 다룬 독일 소설."

독일 문학과 한국 문학에는 둘 다 분단의 역사를 다루는 작품들이 있기 때문에 이런 독일 문학을 읽을 때면 친밀감을 느낄 수 있다. 독문과 지망생에게 추천한다.

- 《나의 나무 아래서》(오에 겐자부로, 송현아 옮김, 까치)

"노벨 문학상 수상 작가가 어린 시절을 회고한 노년기 에세이집."

에세이집은 대체로 난도가 높지 않다. 어렵지 않은 작품으로 문학에 입문하고 싶다면 에세이부터 접근하면 좋다.

- 《마음》(나쓰메 소세키, 송태욱 옮김, 현암사)

"책 속 '선생님'이 유서 형태로 자신의 이야기를 쓸 때 마치 그가 우리에게 편지를 보내는 것 같다는 느낌을 받으면서 소설에 빠져들어갔다."

나쓰메 소세키의 잔잔하면서 먹먹한 감성은 느껴볼 가치가 있다. 〈도련님〉〈산시로〉〈문〉이 유명한데 위의 학생은 〈마음〉을 추천했다. 사실 그의 작품은 무엇을 읽어도 나쁘지 않다. 현암사 전집이 잘 나왔다.

- 《만년》(다자이 오사무, 정수윤 옮김, 도서출판b)

"일문학 전공 지망생이라면 반드시 읽어둬야 하는 책."

다자이 오사무 전집의 제1권으로 독특한 분위기와 매력을 느낄 수 있다. 책이 마음에 든다면 〈인간실격〉과 〈사양〉도 추천한다. 우울증이 있는 사람에게는 추천하지 않는다.

- 《바람의 열두 방향》(어슐러 K. 르 귄, 최용준 옮김, 시공사)

"〈오멜라스를 떠나는 사람들〉이라는 단편에서 전체주의를 지양해야 한다는 깨달음을 얻었던 것이 특히 기억에 남는다."

BTS의 RM이 추천했던 SF 단편집이다. 특히 위에 언급한 〈오멜라스를 떠나는 사람들〉이 유명하다.

■ 《배움의 발견》(타라 웨스트오버, 김희정 옮김, 열린책들)

"배움을 위한 저자의 노력을 매우 재밌고 감명 깊게 읽었다."

공교육을 받지 못하는 환경에 있던 저자가 자신이 어떻게 공부하고 성장해왔는지 쓴 자서전. 교육학이나 사범대학 지망생의 경우 추천한다.

■ 《벽으로 드나드는 남자》(마르셀 에메, 이세욱 옮김, 문학동네)

"뮤지컬로도 만들어졌을 만큼 작품성을 인정받은 프랑스 소설."

위트와 풍자, 쓸쓸함과 기발함이 섞인 다크 초콜릿 같은 작품이다. 이야기가 길지도 않은데 잔상이 진하다. 시간을 투자할 가치가 있다.

■ 《소년이 온다》(한강, 창비)

"'5월 광주'를 탁월하게 다뤘다."

소설가 한강이 가장 추천하는 자신의 소설. 단, 시신, 고문 등의 묘사가 상세하기 때문에 충격을 받는 사람들이 제법 된다. 읽는 도중 마음이 힘들다 싶으면 바로 덮기를 추천한다. 좋은 책이지만 더 커서 읽어도 된다.

■ 《슬픔 없는 나라로 너희는 가서》(김사인 엮음, 문학동네)

"좋은 시만 모아놓은 시선집."

다양한 시를 동시에 접할 수 있다는 것이 이 책의 장점이다. 엮은이 역시 좋은 시인이어서 그의 선별안을 더욱 믿을 수 있다.

- 《아리랑》(님 웨일즈 · 김산, 송영인 옮김, 동녘)

"조선의 한 청년이 혁명가로 거듭나는 과정을 정리한 책."

실존 인물 김산의 일대기로 한국 근대사와 중국 근대사를 함께 볼 수 있는 귀한 책이다. 개인적으로도 아주 좋아하고, 강력하게 추천한다.

- 《언어의 높이뛰기》(신지영, 인플루엔셜)

"한국의 언어 습관을 들여다보며 그것이 나타내고 강화하는 사회상을 분석하고 비판한다."

저자는 "무심코 사용하는 말에 민감해지고 스스로 언어감수성을 높여 '언어의 높이뛰기'를 시도해보자"라고 말한다. 언어학과 지망생에게 추천한다.

- 《역사의식조사, 역사교육의 미래를 묻다》(역사교육연구소, 휴머니스트)

"역사 교육의 방향을 숙고하게 하는 책."

초·중·고 역사 교육인들이 자신의 수업 사례를 설명하거나, 학생을 대상으로 한 역사의식 수준 조사 결과 등을 제시하며 역사 교육의 미래를 논한다.

- 《역사의 쓸모》(최태성, 다산초당)

"과거에서 배울 수 있는 가치를 바탕으로 현재의 대한민국을 바라보는 통찰력을 기를 수 있었다."

역사 강사 '큰별쌤' 최태성의 인문학 강의. 역사 관련 학과를 지망하는 학생에게 추천한다.

- 《인간의 흑역사》(톰 필립스, 홍한결 옮김, 월북)

"실패와 부끄러운 사건을 중심으로 바라보는 역사."

통상적인 역사서는 인간의 발전을 중심으로 문명, 전쟁, 사회 변화 등 다양한 주제를 설명하는데 이 책은 역사 속에서 인간이 자행한 행위에 비판적 시각으로 접근한다.

- 《자기 앞의 생》(에밀 아자르, 용경식 옮김, 문학동네)

"삶과 외로움, 소중한 것과 소중한 사람들에 대해 생각하게 하는 소설."

공쿠르상 수상 작가 로맹 가리가 필명으로 발표한 소설로 제목은 굉장히 철학적이지만 내용은 크게 어렵지 않다. 우선 등장인물이 14세 소년이라 중학생 이상 독자라면 친밀감을 느낄 수 있다.

- 《전쟁은 여자의 얼굴을 하지 않았다》(스베틀라나 알렉시예비치, 박은정 옮김, 문학동네)

"전쟁에서 배제되어온 여성들의 이야기."

노벨 문학상 수상 작가의 책이다. 서점에서는 에세이로 분류되지만 우리가 상상하는 에세이가 절대 아니다. 다큐멘터리와 소설 사이에 있는 책으로 읽으면 마음이 아프면서 많은 것을 생각하게 한다.

- 《지옥변》(아쿠타가와 류노스케, 양윤옥 옮김, 시공사)

"한국에 김동인이 있다면 러시아에는 고골리, 일본에는 아쿠타가와 류노스케가 있다."

일본의 단편소설 장인 아쿠타가와 류노스케의 작품집. 아쿠타가와 류노스케는 일본에 그의 이름을 딴 상이 제정될 정도로 알아주는 소설가다. 그의 작품집이 많이 나와 있지만 개인적으로 〈라쇼몬〉과 〈갓파〉〈지옥변〉이 담겨 있는 이 작품집을 추천한다.

- 《최고의 교수법》(박남기, 쌤앤파커스)

    "사범대학 학생들에게 정말 도움이 될 만한 책."

    박남기 전 공주교대 총장이 효과적인 교수법에 대해 여러 사례와 비유, 이론을 토대로 설명한다. 교육학이나 사범대학 지망생에게 추천한다.

- 《파리의 노트르담 1, 2》(빅토르 위고, 정기수 옮김, 민음사)

    "읽어볼 필요가 있는 빅토르 위고의 작품."

    〈노틀담의 꼽추〉로 알려진 프랑스 낭만주의 문학의 대표작이다. 《웃는 남자》도 좋지만 이 작품을 빼놓을 수 없다. 불문학 전공 지망이라면 더욱 이 책을 읽어보면 좋다.

- 《픽션들》(호르헤 루이스 보르헤스, 송명선 옮김, 민음사)

    "이 소설집은 나에게 많은 영감을 주었다."

    보르헤스는 세대를 뛰어넘어 신선한 충격을 주는 소설가다. 그의 소설은 그림으로 비유하면 마치 달리의 작품을 보는 듯 기발하고 기묘하며 창의적이다. 베르나르 베르베르 소설의 고급판이라고 볼 수도 있다.

- 《한시의 서정과 시인의 마음》(심경호, 서정시학)

    "한시에 정통한, 믿을 수 있는 저자의 책."

    어렵지 않으므로 읽기에 도전해보면 좋다. 한시는 지루하다는 편견과 달리 읽다 보면 상당히 재미있다.

심화 도서

- 《일리아스》(호메로스, 천병희 옮김, 숲)

  국내에 출간된 것 중 원본에 가장 가까운 《일리아스》. 신화 좀 읽었다는 학생들이 도전할 만한 책이다. 각색하거나 축약하지 않았기 때문에 고전의 진미를 느낄 수 있다. 번역자 천병희를 믿고 읽어보자. 단, 이야기 진행이 느리고 말투가 고전적이기 때문에 읽는 책 수준이 조금 높은 학생에게 추천한다.

- 《파편과 형세》(최문규, 서강대학교출판부)

  발터 베냐민만큼 매력적인 현대 철학자도 많지 않다. 그는 후대의 철학과 미학에 엄청난 영향을 미쳤다. 발터 베냐민을 접하고 싶다면 이 책이 좋은 선택이다. 발터 베냐민이라는 인물뿐만 아니라 그가 제안하고 이후 우리 삶에 파고든 많은 용어(예를 들어 멜랑콜리)도 배울 수 있다. 쉽거나 대중적이지는 않은 책이다.

기타 도서

- 《누구나 시 하나쯤 가슴에 품고 산다》(김선경 엮음, 메이븐)

  좋은 시를 한데 모아 접할 수 있는 시선집.

- 《세계 언어의 이모저모》(권재일, 박이정출판사)

  이 책을 읽으면 소수 언어에 관심을 가지게 된다. 언어학과 지망생에게 추천한다.

- 《오늘 처음 교단을 밟을 당신에게》(안준철, 문학동네)

  교사가 되려는 학생들의 필독서.

- 《환각의 나비》(박완서, 푸르메)

  박완서의 문학상 수상작만 모은 작품집. 1권을 사서 알차게 읽기 좋다.

7 ▶ 자연대학 지망

- 《같기도 하고 아니 같기도 하고》(로얼드 호프만, 이덕환 옮김, 까치)

  "흔히 볼 수 없는 화학 교양서."

  화학 하면 위험한 물질, 환경 오염의 주범 등 부정적 시각이 많은데,
  저자는 화학으로 생겨난 문제의 해결법은 화학만이 가지고 있음을
  강조한다. 화학, 재료공학 등 관련 학과 지망생에게 추천한다.

- 《뉴턴의 무정한 세계》(정인경, 이김)

  "서양 과학의 발전이 우리 사회에 미친 영향을 한국 현대문학 작품과
  관련지어 드러낸 책."

  서양인의 관점에서 과학기술의 학문적 원리와 등장 배경을 이해하
  고, 동시에 한국인의 관점에서 서양 중심의 근대 과학을 비판적으
  로 바라볼 수 있다.

- 《문명과 수학》(EBS 문명과 수학 제작 팀, 민음인)

  "이 책은 수학이야말로 진정한 진리를 탐구하는 학문이 아닐지 고민

하게 만들었고 불완전성 정리와 튜링 머신이라는 아주 흥미로운 대상을 탐구하게 했다."

'EBS 다큐프라임' 5부작 〈문명과 수학〉이 책으로 나왔다. '문명의 중요한 이정표'로서의 수학을 다룬다.

- 《발견하는 즐거움》(리처드 파인만, 승영조 · 김희봉 옮김, 승산)

   "과학도의 자세에 대해 진지하게 성찰하도록 해준다."

   물리학의 기초를 다진 과학자이자 노벨상 수상자인 파인만의 생애와 과학적 자세를 다룬 책. 평생 권위와는 거리가 멀었던 그의 위트 있는 강연과 인터뷰를 정리했다.

- 《살아 있는 정리》(세드릭 빌라니, 이세진 외 옮김, 해나무)

   "수학자의 삶이 무엇인지 미리 알아보고 싶은 학생에게 추천한다."

   2010년 필즈상 수상 수학자의 자전 에세이. 단순히 업적을 나열한 것이 아니라 일기와 메일을 통해 빌라니의 생각을 그대로 보여준다. 수학 전공에 대한 적합성을 키우는 데 도움이 된다.

- 《세상물정의 물리학》(김범준, 동아시아)

   "물리가 어렵다는 편견에서 벗어날 수 있다."

   성균관대학교 물리학과 교수가 복잡한 세상을 통계물리학으로 꿰뚫어보는 책이다. 일상생활에 적용되는 물리법칙을 쉬운 언어로 설명한다.

- 《화학혁명과 폴링》(톰 헤이거, 고문주 옮김, 바다출판사)

   "내게 연구자라는 진로를 결정하게 해준 책."

   화학자이자 노벨 평화상을 수상한 유일한 과학자인 라이너스 폴링의 생애를 다룬 책이다. 절판되었기 때문에 도서관에서 빌려 봐야 한다. 화학 전공뿐 아니라 화학과 관련된 자연대 전공, 약학 계열 지망생 모두에게 적합하다.

심화 도서

- 《미적분으로 바라본 하루》(오스카 E. 페르난데스, 김수환 옮김, 프리렉)

  재미로 읽는 책은 아니다. 청소년 추천 도서로 소개되는 경우가 있는데 대중적인 책이라고 말하기에는 어려운 부분이 있다. 미적분을 좋아하는 친구에게 추천한다.

기타 도서

- 《10퍼센트 인간》(앨러나 콜렌, 조은영 옮김, 시공사)

  인간 몸의 90%는 미생물로 이루어져 있다고 한다. 생물학 전공을 지망하는 학생들이 읽어보면 좋은 책이다.

- 《보이지 않는 진실을 보는 사람들》(정희선, 알에이치코리아)

  과학 수사에 대한 책으로 기초과학과 생명공학 연구가 앞으로 다양한 분야에 많은 도움이 될 것이라는 사실을 깨닫게 된다.

- 《세포: 생명의 마이크로 코스모스 탐사기》(남궁석, 에디토리얼)

  세포 연구의 연대기. 생명과학에 관심 있는 학생에게 추천한다.

- 《수학이 필요한 순간》(김민형, 인플루엔셜)

  수학을 사랑하는 이과생에게 자부심을 안겨줄 책이다.

- 《슈퍼박테리아와 인간》(윤창주, 까치)

선사 이전부터 현재까지 생명과학 기술의 발전을 쉽게 풀어 썼다.

- 《틀리지 않는 법》(조던 엘렌버그, 김명남 옮김, 열린책들)

학생들 사이에서 극과 극의 반응을 얻은 책이다. 만약 아이가 이 책을 읽고 '재미있다'는 반응을 보인다면 자연대학, 혹은 공과대학에 가서 잘 지낼 것이다. 수학을 즐기는 학생에게 유익한 책이기 때문에 대학에서 수학을 전공하려는 고등학생에게 미리 추천한다.